U0187557

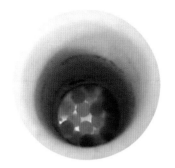

图 3.4　浸没火焰的燃烧状态

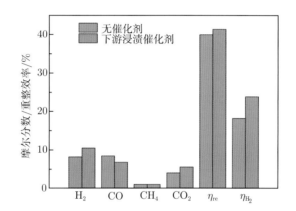

图 3.11　燃烧器下游浸渍 Ni 催化剂对燃烧组分的影响

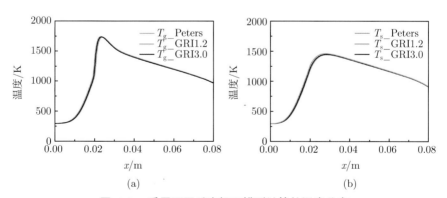

图 4.2　采用不同反应机理模型计算的温度分布

（a）气相分布；（b）固相分布

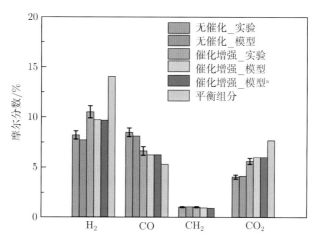

图 4.7 担载催化剂后燃烧组分模拟值与实验值

a: 催化剂担载区域只考虑非均相化学反应

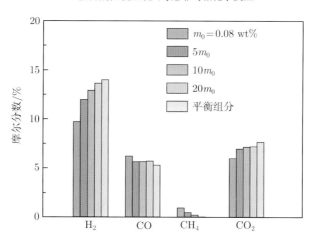

图 4.10 催化剂担载量对主要产物组分的影响

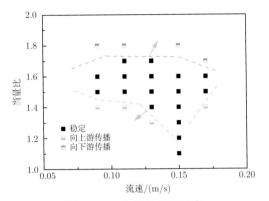

图 4.12　火焰稳定工况点

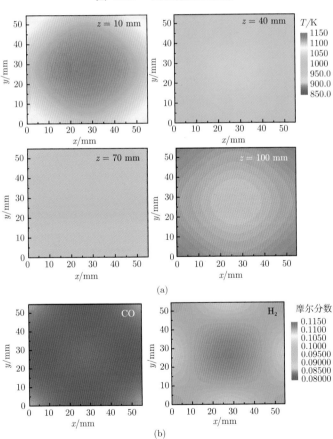

图 5.9　管堆区域温度与组分分布图

（a）不同高度处平面方向温度分布图；（b）管堆出口 H_2 与 CO 物质的量分数平面方向分布图

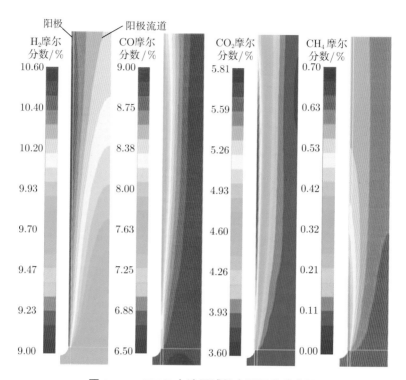

图 5.14 FFC 电池区域的主要组分分布图

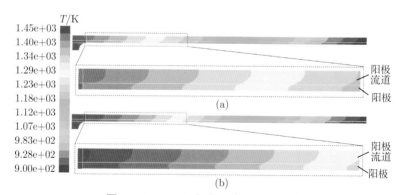

图 5.15 FFC 电池区域温度分布图

（a）未考虑电化学反应；（b）考虑电化学反应

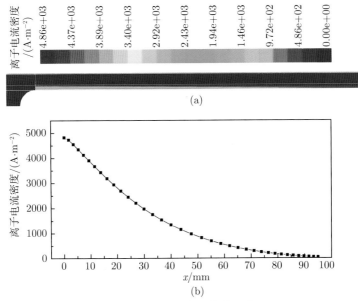

图 5.16 FFC 离子电流分布

（a）全电池区域；（b）沿阳极-电解质界面 $\partial\Omega_{a|e}$ 轴向方向

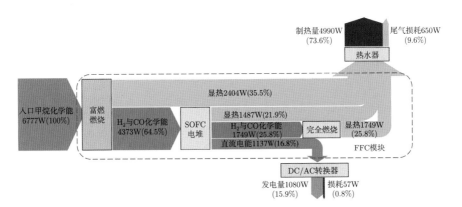

图 6.4 当量比为 2.0 时系统能流图

清华大学优秀博士学位论文丛书

固体氧化物火焰燃料电池机理与性能研究

王雨晴 （Wang Yuqing） 著

Mechanism and Characteristics Research
on Solid Oxide Flame Fuel Cells

清华大学出版社
北京

内 容 简 介

固体氧化物火焰燃料电池将燃料电池与富燃火焰直接耦合,具有装置简单、启动快速等多方面优势,在天然气分布式热电联供等领域极具应用前景。本书首先介绍了火焰燃料电池的原理和发展概况,然后分别从燃料电池、富燃火焰、电池单元和系统分析层面深入介绍了火焰燃料电池的反应机理与性能规律。

本书可供高等学校能源和电化学相关专业领域研究人员阅读与参考。

图书在版编目(CIP)数据

固体氧化物火焰燃料电池机理与性能研究/王雨晴著.—北京:清华大学出版社,2021.4

(清华大学优秀博士学位论文丛书)

ISBN 978-7-302-57614-3

Ⅰ.①固… Ⅱ.①王… Ⅲ.①固体-氧化物-燃料电池-研究 Ⅳ.①TM911.4

中国版本图书馆 CIP 数据核字(2021)第 033557 号

责任编辑:戚 亚
封面设计:傅瑞学
责任校对:赵丽敏
责任印制:杨 艳

出版发行:清华大学出版社
　　　　网　　址:http://www.tup.com.cn,http://www.wqbook.com
　　　　地　　址:北京清华大学学研大厦 A 座　　　邮　　编:100084
　　　　社 总 机:010-62770175　　　　　　　　邮　　购:010-62786544
　　　　投稿与读者服务:010-62776969,c-service@tup.tsinghua.edu.cn
　　　　质量反馈:010-62772015,zhiliang@tup.tsinghua.edu.cn
印 刷 者:三河市铭诚印务有限公司
装 订 者:三河市启晨纸制品加工有限公司
经　　销:全国新华书店
开　　本:155mm×235mm　　印　张:11　　插　页:3　　字　数:178 千字
版　　次:2021 年 6 月第 1 版　　　　　印　次:2021 年 6 月第 1 次印刷
定　　价:89.00 元

产品编号:081961-01

一流博士生教育
体现一流大学人才培养的高度（代丛书序）①

人才培养是大学的根本任务。只有培养出一流人才的高校，才能够成为世界一流大学。本科教育是培养一流人才最重要的基础，是一流大学的底色，体现了学校的传统和特色。博士生教育是学历教育的最高层次，体现出一所大学人才培养的高度，代表着一个国家的人才培养水平。清华大学正在全面推进综合改革，深化教育教学改革，探索建立完善的博士生选拔培养机制，不断提升博士生培养质量。

学术精神的培养是博士生教育的根本

学术精神是大学精神的重要组成部分，是学者与学术群体在学术活动中坚守的价值准则。大学对学术精神的追求，反映了一所大学对学术的重视、对真理的热爱和对功利性目标的摒弃。博士生教育要培养有志于追求学术的人，其根本在于学术精神的培养。

无论古今中外，博士这一称号都和学问、学术紧密联系在一起，和知识探索密切相关。我国的博士一词起源于 2000 多年前的战国时期，是一种学官名。博士任职者负责保管文献档案、编撰著述，须知识渊博并负有传授学问的职责。东汉学者应劭在《汉官仪》中写道："博者，通博古今；士者，辩于然否。"后来，人们逐渐把精通某种职业的专门人才称为博士。博士作为一种学位，最早产生于 12 世纪，最初它是加入教师行会的一种资格证书。19 世纪初，德国柏林大学成立，其哲学院取代了以往神学院在大学中的地位，在大学发展的历史上首次产生了由哲学院授予的哲学博士学位，并赋予了哲学博士深层次的教育内涵，即推崇学术自由、创造新知识。哲学博士的设立标志着现代博士生教育的开端，博士则被定义为独立从事

---

① 本文首发于《光明日报》，2017 年 12 月 5 日。

学术研究、具备创造新知识能力的人，是学术精神的传承者和光大者。

博士生学习期间是培养学术精神最重要的阶段。博士生需要接受严谨的学术训练，开展深入的学术研究，并通过发表学术论文、参与学术活动及博士论文答辩等环节，证明自身的学术能力。更重要的是，博士生要培养学术志趣，把对学术的热爱融入生命之中，把捍卫真理作为毕生的追求。博士生更要学会如何面对干扰和诱惑，远离功利，保持安静、从容的心态。学术精神，特别是其中所蕴含的科学理性精神、学术奉献精神，不仅对博士生未来的学术事业至关重要，对博士生一生的发展都大有裨益。

独创性和批判性思维是博士生最重要的素质

博士生需要具备很多素质，包括逻辑推理、言语表达、沟通协作等，但是最重要的素质是独创性和批判性思维。

学术重视传承，但更看重突破和创新。博士生作为学术事业的后备力量，要立志于追求独创性。独创意味着独立和创造，没有独立精神，往往很难产生创造性的成果。1929 年 6 月 3 日，在清华大学国学院导师王国维逝世二周年之际，国学院师生为纪念这位杰出的学者，募款修造"海宁王静安先生纪念碑"，同为国学院导师的陈寅恪先生撰写了碑铭，其中写道："先生之著述，或有时而不章；先生之学说，或有时而可商；惟此独立之精神，自由之思想，历千万祀，与天壤而同久，共三光而永光。"这是对于一位学者的极高评价。中国著名的史学家、文学家司马迁所讲的"究天人之际，通古今之变，成一家之言"也是强调要在古今贯通中形成自己独立的见解，并努力达到新的高度。博士生应该以"独立之精神、自由之思想"来要求自己，不断创造新的学术成果。

诺贝尔物理学奖获得者杨振宁先生曾在 20 世纪 80 年代初对到访纽约州立大学石溪分校的 90 多名中国学生、学者提出："独创性是科学工作者最重要的素质。"杨先生主张做研究的人一定要有独创的精神、独到的见解和独立研究的能力。在科技如此发达的今天，学术上的独创性变得越来越难，也愈加珍贵和重要。博士生要树立敢为天下先的志向，在独创性上下功夫，勇于挑战最前沿的科学问题。

批判性思维是一种遵循逻辑规则、不断质疑和反省的思维方式，具有批判性思维的人勇于挑战自己，敢于挑战权威。批判性思维的缺乏往往被认为是中国学生特有的弱项，也是我们在博士生培养方面存在的一个普遍问题。2001 年，美国卡内基基金会开展了一项"卡内基博士生教育创新计划"，针对博士生教育进行调研，并发布了研究报告。该报告指出：在美国和欧洲，培养学生保持批判而质疑的眼光看待自己、同行和导师的观点同样非常不容易，批判性思维的培养必须成为博士生培养项目的组成部分。

对于博士生而言，批判性思维的养成要从如何面对权威开始。为了鼓励学生质疑学术权威、挑战现有学术范式，培养学生的挑战精神和创新能力，清华大学在 2013 年发起"巅峰对话"，由学生自主邀请各学科领域具有国际影响力的学术大师与清华学生同台对话。该活动迄今已经举办了 21 期，先后邀请 17 位诺贝尔奖、3 位图灵奖、1 位菲尔兹奖获得者参与对话。诺贝尔化学奖得主巴里·夏普莱斯（Barry Sharpless）在 2013 年 11 月来清华参加"巅峰对话"时，对于清华学生的质疑精神印象深刻。他在接受媒体采访时谈道："清华的学生无所畏惧，请原谅我的措辞，但他们真的很有胆量。"这是我听到的对清华学生的最高评价，博士生就应该具备这样的勇气和能力。培养批判性思维更难的一层是要有勇气不断否定自己，有一种不断超越自己的精神。爱因斯坦说："在真理的认识方面，任何以权威自居的人，必将在上帝的嬉笑中垮台。"这句名言应该成为每一位从事学术研究的博士生的箴言。

提高博士生培养质量有赖于构建全方位的博士生教育体系

一流的博士生教育要有一流的教育理念，需要构建全方位的教育体系，把教育理念落实到博士生培养的各个环节中。

在博士生选拔方面，不能简单按考分录取，而是要侧重评价学术志趣和创新潜力。知识结构固然重要，但学术志趣和创新潜力更关键，考分不能完全反映学生的学术潜质。清华大学在经过多年试点探索的基础上，于 2016 年开始全面实行博士生招生"申请-审核"制，从原来的按照考试分数招收博士生，转变为按科研创新能力、专业学术潜质招收，并给予院系、学科、导师更大的自主权。《清华大学"申请-审核"制实施办法》明晰了导师和院系在考核、遴选和推荐上的权力和职责，同时确定了规范的流程及监管要求。

在博士生指导教师资格确认方面，不能论资排辈，要更看重教师的学术活力及研究工作的前沿性。博士生教育质量的提升关键在于教师，要让更多、更优秀的教师参与到博士生教育中来。清华大学从 2009 年开始探索将博士生导师评定权下放到各学位评定分委员会,允许评聘一部分优秀副教授担任博士生导师。近年来,学校在推进教师人事制度改革过程中,明确教研系列助理教授可以独立指导博士生,让富有创造活力的青年教师指导优秀的青年学生,师生相互促进、共同成长。

在促进博士生交流方面,要努力突破学科领域的界限,注重搭建跨学科的平台。跨学科交流是激发博士生学术创造力的重要途径,博士生要努力提升在交叉学科领域开展科研工作的能力。清华大学于 2014 年创办了"微沙龙"平台,同学们可以通过微信平台随时发布学术话题,寻觅学术伙伴。3 年来,博士生参与和发起"微沙龙"12 000 多场,参与博士生达38 000 多人次。"微沙龙"促进了不同学科学生之间的思想碰撞,激发了同学们的学术志趣。清华于 2002 年创办了博士生论坛,论坛由同学自己组织,师生共同参与。博士生论坛持续举办了 500 期,开展了 18 000 多场学术报告,切实起到了师生互动、教学相长、学科交融、促进交流的作用。学校积极资助博士生到世界一流大学开展交流与合作研究,超过 60% 的博士生有海外访学经历。清华于 2011 年设立了发展中国家博士生项目,鼓励学生到发展中国家亲身体验和调研,在全球化背景下研究发展中国家的各类问题。

在博士学位评定方面,权力要进一步下放,学术判断应该由各领域的学者来负责。院系二级学术单位应该在评定博士论文水平上拥有更多的权力,也应担负更多的责任。清华大学从 2015 年开始把学位论文的评审职责授权给各学位评定分委员会,学位论文质量和学位评审过程主要由各学位分委员会进行把关,校学位委员会负责学位管理整体工作,负责制度建设和争议事项处理。

全面提高人才培养能力是建设世界一流大学的核心。博士生培养质量的提升是大学办学质量提升的重要标志。我们要高度重视、充分发挥博士生教育的战略性、引领性作用,面向世界、勇于进取,树立自信、保持特色,不断推动一流大学的人才培养迈向新的高度。

邱勇

清华大学校长

2017 年 12 月 5 日

丛书序二

以学术型人才培养为主的博士生教育，肩负着培养具有国际竞争力的高层次学术创新人才的重任，是国家发展战略的重要组成部分，是清华大学人才培养的重中之重。

作为首批设立研究生院的高校，清华大学自 20 世纪 80 年代初开始，立足国家和社会需要，结合校内实际情况，不断推动博士生教育改革。为了提供适宜博士生成长的学术环境，我校一方面不断地营造浓厚的学术氛围，一方面大力推动培养模式创新探索。我校从多年前就已开始运行一系列博士生培养专项基金和特色项目，激励博士生潜心学术、锐意创新，拓宽博士生的国际视野，倡导跨学科研究与交流，不断提升博士生培养质量。

博士生是最具创造力的学术研究新生力量，思维活跃，求真求实。他们在导师的指导下进入本领域研究前沿，吸取本领域最新的研究成果，拓宽人类的认知边界，不断取得创新性成果。这套优秀博士学位论文丛书，不仅是我校博士生研究工作前沿成果的体现，也是我校博士生学术精神传承和光大的体现。

这套丛书的每一篇论文均来自学校新近每年评选的校级优秀博士学位论文。为了鼓励创新，激励优秀的博士生脱颖而出，同时激励导师悉心指导，我校评选校级优秀博士学位论文已有 20 多年。评选出的优秀博士学位论文代表了我校各学科最优秀的博士学位论文的水平。为了传播优秀的博士学位论文成果，更好地推动学术交流与学科建设，促进博士生未来发展和成长，清华大学研究生院与清华大学出版社合作出版这些优秀的博士学位论文。

感谢清华大学出版社，悉心地为每位作者提供专业、细致的写作和出版指导，使这些博士论文以专著方式呈现在读者面前，促进了这些最新的优秀研究成果的快速广泛传播。相信本套丛书的出版可以为国内外各相关领域或交叉领域的在读研究生和科研人员提供有益的参考,为相关学科领域的发展和优秀科研成果的转化起到积极的推动作用。

感谢丛书作者的导师们。这些优秀的博士学位论文,从选题、研究到成文,离不开导师的精心指导。我校优秀的师生导学传统,成就了一项项优秀的研究成果,成就了一大批青年学者,也成就了清华的学术研究。感谢导师们为每篇论文精心撰写序言,帮助读者更好地理解论文。

感谢丛书的作者们。他们优秀的学术成果,连同鲜活的思想、创新的精神、严谨的学风,都为致力于学术研究的后来者树立了榜样。他们本着精益求精的精神,对论文进行了细致的修改完善,使之在具备科学性、前沿性的同时,更具系统性和可读性。

这套丛书涵盖清华众多学科,从论文的选题能够感受到作者们积极参与国家重大战略、社会发展问题、新兴产业创新等的研究热情,能够感受到作者们的国际视野和人文情怀。相信这些年轻作者们勇于承担学术创新重任的社会责任感能够感染和带动越来越多的博士生,将论文书写在祖国的大地上。

祝愿丛书的作者们、读者们和所有从事学术研究的同行们在未来的道路上坚持梦想,百折不挠!在服务国家、奉献社会和造福人类的事业中不断创新,做新时代的引领者。

相信每一位读者在阅读这一本本学术著作的时候,在吸取学术创新成果、享受学术之美的同时,能够将其中所蕴含的科学理性精神和学术奉献精神传播和发扬出去。

清华大学研究生院院长

2018 年 1 月 5 日

导师序言

　　能源的清洁高效利用是世界各国普遍关注的热点问题，是实现社会可持续发展的重要途径。燃料电池作为一类清洁高效的能源利用技术，可直接将燃料中的化学能转化为电能，不受卡诺循环的限制，避免了传统发电技术由热能到机械能中间环节的能量损失，具有发电效率高、环境友好、模块性强等优点。目前，燃料电池技术在微型移动电源、车用动力电源、家用热电联供和分布式发电等领域已进入产业化初期阶段，有望成为继火电、水电、核电后的第四代发电技术。

　　燃料电池以电解质可分为不同类型，所采用的材料、工作温度和对燃料的处理要求各不相同，随着工作温度的升高，燃料处理的复杂度降低，效率升高。固体氧化物燃料电池（solid oxide fuel cell，SOFC）是一种典型的高温燃料电池，工作温度通常在600~1000℃，无需采用贵金属作为催化剂，可极大降低电池成本，同时其燃料适应性广，不仅可使用纯氢，还可使用合成气、重整气、天然气等混合燃料。SOFC技术在集中/分布式发电系统、小型发电设备、移动式电源等领域具有广阔的应用前景，在未来的能源、电力、运输等国民经济的重要领域中将发挥关键的作用。本研究团队自2003年以来持续致力于SOFC的基础研发和产业化应用，围绕SOFC的反应机理分析、电池性能优化、新型构型研发和系统拓扑结构设计等方面开展了较为深入的研究，取得了一些具有重要理论意义及实际应用价值的创新性科研成果。

　　王雨晴的博士学位论文在国家自然科学基金项目"直接多元扩散火焰燃料电池反应机理与数值模拟"（51106085）、国家自然科学基金项目"基于多孔介质燃烧的直接火焰燃料电池反应机理与性能研究"（51576112）和清华大学-广东万和新电气股份有限公司企业合作项目"基于多孔介质燃烧器与直接火焰燃料电池的微型热电联产系统"的资助下，研究了一种新型的 SOFC 构型——火焰燃料电池 (flame fuel cell, FFC)，是本课题组在该领域研究成果的一个典范。FFC 将 SOFC 与富燃火焰直接耦合，在阳极利用富燃火焰为 SOFC 提供燃料，同时维持 SOFC 所需的工作温度。与传统 SOFC 相比，FFC 理论上可采用任何碳氢化合物作为燃料，燃料适应性更为广泛，此外，FFC 还具有装置结构简单、启动快速等优势，特别有望应用于小型热电联供系统和天然气分布式发电系统。围绕 FFC，本书从燃料电池、富燃火焰、电池单元和发电系统层面，针对其反应机理、性能优化和系统分析开展了一系列研究。针对 FFC 快速升温带来的热应力问题，对火焰操作条件下电池的热应力和失效概率进行了定量分析，利用微管式 SOFC 抗热震性能好的优势，改善了火焰燃料电池的启动特性。针对传统燃烧器重整效率低、限制 FFC 发电效率的难点，采用催化增强的两段式多孔介质燃烧器产生甲烷富燃火焰，结合多孔介质燃烧内部热回流与催化增强燃烧降低反应活化能的优势，提高了甲烷的重整效率。基于多孔介质燃烧器与微管式 SOFC 的流动与传热特性，完成了火焰燃料电池单元和 4 管电堆的设计与稳定运行；建立了多尺度、多物理场耦合的基元反应模型，成功应用于 FFC 内反应机理鉴别与反应器性能优化设计。最后，本书构建了基于 FFC 的微型冷热电三联供系统模型，获得了系统的稳态运行策略。本书的研究结果为 FFC 的电池选型、燃烧器性能优化、电池单元构型设计和系统集成提供了重要的理论基础和实验依据，有望进一步推动 SOFC 技术在分布式供能系统中的实际应用。

蔡宁生

清华大学能源与动力工程系

2020 年 1 月于北京

摘　要

　　固体氧化物火焰燃料电池将富燃火焰与燃料电池在"无室"构型下耦合，是一类具有重要应用前景的新型固体氧化物燃料电池（SOFC）。本书针对火焰燃料电池（FFC），分别从燃料电池、富燃火焰、电池单元和系统分析层面，深入研究了 FFC 的反应机理与性能规律。

　　首先，针对 FFC 中对电池抗热震性的需求，开发了 FFC 热应力模型，定量分析了火焰启动下不同支撑体类型和不同电池构型的热应力分布与失效概率。设计搭建了基于 Hencken 型平焰燃烧器的 FFC 实验系统，对平板式 SOFC 和微管式 SOFC 在火焰操作条件下的启动特性与抗热震性进行了研究。研究结论为 FFC 中的电池选型提供了理论依据，指出阳极支撑微管式 SOFC 是适用于 FFC 的电池构型。

　　其次，针对 FFC 中富燃燃烧器重整效率低的问题，提出采用催化增强的两段式多孔介质燃烧器产生甲烷富燃火焰，掌握了操作条件对燃烧器内温度分布和燃烧产物组成的影响规律，甲烷转化为氢气与一氧化碳的重整效率最高可达 50.0%。通过引入 Ni 催化剂可进一步促进甲烷到氢气的转化，相同工况下甲烷到氢气的重整效率可提升 31.3%。综合考虑多孔介质内的流动、传热传质过程及火焰区的均相反应和催化剂表面的非均相反应，建立了催化增强多孔介质燃烧器中甲烷富燃燃烧的一维基元反应模型，分析了电池阳极火焰均相化学反应与燃烧器催化剂表面非均相化学反应的竞争耦合作用，Ni 催化剂的引入主要促进了重整区水气变换反应的进行，在催化剂区域非均相化学反应占有主导地位。

　　随后，在电池及富燃火焰研究的基础上，设计搭建了基于微管式 SOFC 与多孔介质燃烧器的 FFC 电池单元，探索了操作条件对 FFC 电化学性能的影响规律。多孔介质燃烧器内甲烷的富燃燃烧可为微管式 SOFC 的稳定运行提供适宜的组分与温度环境。在电池单元研究的基础上，实现了 FFC 电堆的设计搭建与稳定运行，4 根并联 SOFC 电堆最大发电功率为 3.6 W。在燃烧器模型的基础上，考虑电池内部的化学与电化学反应及流动、传热、传质过程，建立了二维轴对称 FFC 电池单元模型，分析了多孔介质富燃火焰与 SOFC 阳极的耦合作用机制。

最后，构建了基于 FFC 的微型冷热电三联供系统，研究了系统操作参数对系统发电效率和热电比的影响规律，系统发电效率不足 20%，但联供效率可达 90%，明确了 FFC 的应用场合为热电联供/热电冷三联供。

关键词：火焰燃料电池；抗热震性；多孔介质燃烧；反应机理；系统分析

Abstract

The solid oxide flame fuel cell directly combines a fuel-rich flame and a solid oxide fuel cell (SOFC) in a *no-chamber* setup, which is a promising fuel cell for distributed power systems. The reaction kinetics and characteristics of the flame fuel cell (FFC) were studied in this dissertation from the aspect of fuel cell type selection, fuel-rich flame, FFC unit and co-generation system.

First, a two-dimensional model of the FFC was developed to quantitatively analyze the thermal stress and the failure probability of fuel cells with different structures brought by the rapid startup of the flame. A flame fuel cell setup was designed and built based on a Hencken-type flat flame burner. The start-up characteristics and thermal shock resistance of a planar SOFC and a micro-tubular SOFC were compared and studied. The experimental and numerical study on the thermal stress of the SOFC working in flame conditions provides a theoretical basis for the selection of the SOFC type and shows that the anode-supported micro-tubular SOFC is a proper choice for the FFC configuration.

Second, a two-layer porous media burner with catalytic enhancement was used to increase the reforming efficiency of the burner. The effects of the equivalence ratio and the gas velocity on the temperature distribution inside the burner and the combustion products were studied. Using a burner efficiency based on lower heating values, up to 50.0% of methane was converted to H_2 and CO. The reforming efficiency of methane to H_2 increased by 31.3% after the catalytic enhancement. A combined homogeneous and heterogeneous elementary reaction mechanism was developed for methane partial oxidation in the porous media burner with catalytic enhancement. A one-dimensional model was explored by coupling the combined mechanism with heat-transport and mass-transport processes within the burner. The model is demonstrated to be a useful tool for understanding the reaction processes within the burner and for burner design optimization. The nickel catalyst mainly promoted the water-gas shift reaction, and the heterogeneous reactions were dominant in the region where the catalyst was loaded.

Then, a FFC unit based on a porous media burner and a micro-tubular SOFC was designed and built. The influences of the flame operation conditions on the fuel cell electrochemical performance were studied. The fuel-rich methane flame provided suitable fuels and temperature environment for the operation of the SOFCs. Further, a FFC stack was successfully implemented. Four micro-tubular SOFCs were arranged in a parallel configuration, which reached 3.6 W at 0.6 V. A two-dimensional axisymmetric model of the FFC unit was developed based on the combustion model by further considering the chemical reactions, the electrochemical reactions, the heat transport, the mass transport and the charge transport processes inside the anode. The coupling mechanism of the fuel-rich flame and the SOFC anode was clarified.

At last, a tri-generation system based on the FFC was proposed and analyzed for residential applications. Parametric analyses were conducted to investigate the effects of operation parameters on the system efficiency and the thermal-to-electrical ratio. The electric efficiency of the system is no more than 20% while the cogeneration efficiency can reach above 90%, indicating the suitability of the FFC-based system for cogeneration/tri-generation rather than power generation alone.

Key Words: flame fuel cell; thermal shock resistance; porous media combustion; reaction mechanism; system analysis

主要符号对照表

a	热扩散率（m^2/s）或循环倍数
a_V	催化剂活性表面积与体积比（m^2/m^3）
A	面积（m^2）或阿仑尼乌斯型反应速率常数中指前因子（kmol，m，s）
c	固体均匀应变量或气体浓度（mol/m^3）或比热容（$J/(kg \cdot K)$）
C	努塞尔数计算用参数
d	直径（m）
d_p	有效孔径（m）
D	弹性矩阵或气体扩散系数（m^2/s）或直径（m）或质量流量（kg/s）
e_{air}	过量空气系数
E	杨氏模量（GPa）或不确定度
E_a	阿仑尼乌斯型反应速率常数中活化能（J/mol 或 $J/kmol$）
F	压力损失源项（$kg/(m^3 \cdot s)$）或法拉第常数（96485 C/mol）
G	吉布斯自由能（J）或质量流量（kg/s）
h	质量比焓（J/kg）
h_c	对流换热系数（$W/(m^2 \cdot K)$）
h_V	体积对流换热系数（$W/(m^3 \cdot K)$）
H	摩尔比焓（J/mol）
i	电流密度（A/m^2）
i_0	交换电流密度（A/m^2）
J	电流（A）

k	反应速率常数
K	反应平衡常数
L	长度（m）
m	威布尔系数或质量（kg）或努塞尔数计算用参数
$\dot{m}$	质量流量（kg/s）
n	压力项修正系数或个数
n_e	电化学反应电子转移数目
$\dot{n}$	摩尔流量（mol/s）
N	通量（mol/（m²·s））或个数
Nu	努塞尔数
p	压力（Pa）
P	功率（W）或概率
Pe	贝克莱数
Pr	普朗特数
Q	电荷平衡方程源项（A/m³）或热源项（W/m³）或热量（W）
r	曲率（m⁻¹）或半径（m）或电池径向方向
R	反应速率（mol/（m³·s）或 mol/（m²·s））或通用气体常数（8.314 J/（mol·K））
Re	雷诺数
s	熵（J/K）
$\dot{s}$	摩尔生成速率（mol/（m²·s））
S	单位体积有效反应面积（m²/m³）
S_L	层流火焰速度（m/s）
t	时间（s）或厚度（m）
T	温度（K）
u	速度（m/s）
$\boldsymbol{u}$	速度矢量（m/s）
U_f	燃料利用率
v	化学计量数
V	体积（m³）或电压（V）或扩散速度（m/s）
$\dot{V}$	体积流量（m³/s）

W	气体组分摩尔质量（kg/mol）
x	气体组分物质的量分数或电池平面方向或反应器轴向方向
X	溶液浓度
y	电池厚度方向或气体组分质量分数
Y	气体组分质量分数
z	电池厚度方向或反应器轴向方向
Z	平衡常数计算用参数或配位数
α	热膨胀系数或传递系数或渗透率（m²）
β	辐射消光系数（1/m）或阿仑尼乌斯型反应速率常数中温度指数
γ	散热系数（W/(m³·K)）或交换电流可调参数
δ_e	电解质层厚度（m）
ε	应变量或孔隙率或传热有效度
ζ	流动阻力系数
η	效率或极化电压（V）
θ	表面覆盖率或电子导体颗粒与离子导体颗粒接触角（rad）
λ	热导率（W/(m·K)）
μ	气体动力黏度（Pa·s）
ν	泊松比
ξ	发射率
ρ	密度（kg/m³）
σ	应力（Pa）或斯蒂芬-玻尔兹曼常数（5.67×10⁻⁸ W/(m²·K⁴)）或电导率（S/m）
σ_0	材料特征强度（MPa）
τ	黏性应力（Pa）
ϕ	当量比
ω	气相化学反应计量系数或氢气电化学反应电流占总电流比重
Γ	表面活性位点密度（mol/m²）
$\partial\Omega$	边界

上标和下标

a/an	阳极（anode）

A	吸收器 (absorber)
AC	交流 (alternating current)
act	实际的 (actual) 或活化 (activation)
air	空气 (air)
bed	床层 (bed)
bulk	体积 (bulk)
c/ca	阴极 (cathode)
C	冷凝器 (cooler)
cell	电池 (cell)
conc	浓度 (concentration)
conv	转化 (conversion)
DC	直流 (direct current)
e	电解质 (electrolyte)
E	蒸发器 (evaporator)
eff	有效的 (effective)
el	电子的 (electronic)
ep	电子导体颗粒 (electronic conductor particle)
eq	平衡状态 (equilibrium)
fu/fuel	燃料 (fuel)
g	气体 (gas)
G	发生器 (generator)
h/heat	热量 (heat)
in/inlet	入口 (inlet)
ion	离子的 (ionic)
ip	离子导体颗粒 (ionic conductor particle)
irr	不可逆的 (irreversible)
j	结点 (junction)
leak	泄漏 (leakage)
loss	损失 (loss)
max	最大的 (maximum)
ohm	欧姆的 (ohmic)

out/outlet	出口 (outlet)
ox	氧化 (oxidation)
rad	辐射 (radiation)
re	重整 (reforming)
ref	参考的 (referenced)
rev	可逆的 (reversible)
s	固体 (solid)
sh/shift	水气变换反应 (water gas shift reaction)
stoic	当量的 (stoichiometric)
Sy	系统 (system)
t	总的 (total)
th	热电偶 (thermal couple)
trans	转移 (transfer)
vec	向量 (vector)
w/wall	壁面 (wall)

缩写词

ASSOFC	阳极支撑固体氧化物燃料电池 (anode supported solid oxide fuel cell)
CCHP	冷热电联供 (combined cooling, heating and power)
CEA	化学平衡应用 (chemical equilibrium application)
CFD	计算流体力学 (computational fluid dynamics)
CHP	热电联供 (combinend heat and power)
COP	性能系数 (coefficient of performance)
CSTR	连续搅拌式反应器 (continuous-flow stirred tank reactor)
DIR	直接内部重整 (direct internal reforming)
EIS	电化学阻抗谱 (electrochemical impedance spectra)
ESSOFC	电解质支撑固体氧化物燃料电池 (electrolyte supported solid oxide fuel cell)
FFC	火焰燃料电池 (flame fuel cell)
LHV	低位热值 (low heat value)
LSM	锶掺杂的锰酸镧 (lanthanum strontium manganate)

NASA	美国航空航天局 (National Aeronautics and Space Administration)
NTU	热交换器传热单元数 (number of transfer unit)
OCV	开路电压 (open circuit voltage)
PEMFC	质子交换膜燃料电池 (proton exchange membrane fuel cell)
PEN	"三合一"膜电极结构 (positive electrolyte negative plate)
PVB	聚乙烯醇缩丁醛 (poly-vinyl butyal)
ScSZ	氧化钪稳定的氧化锆 (scandia stabilized zirconia)
SEM	扫描电子显微镜 (scanning electronic micrometer)
SOFC	固体氧化物燃料电池 (solid oxide fuel cell)
SOFFC	固体氧化物火焰燃料电池 (solid oxide flame fuel cell)
TCD	热导检测器 (thermal conductivity detector)
TER	热电比 (thermal-to-electric ratio)
TPB	三相界面 (triple phase boundary)
WGS	水气变换 (water gas shift)
YSZ	氧化钇稳定的氧化锆 (yttria stabilized zirconia)

目　录

CONTENTS

第 1 章 引　　言

1.1　课题背景和意义

随着社会经济的高速发展，世界范围内的能源消耗持续增长，能源在促进社会发展的同时带来的环境污染等问题也成为制约社会发展的一大因素。为了实现能源行业的可持续发展，世界各国均出台了相关政策以优化能源结构、提高能源利用效率。我国在《能源发展"十三五"规划》中提出，要建设现代能源体系、推动化石能源清洁高效利用和大力发展分布式能源。分布式能源是指以小规模、分散式、有针对性的方式安装在用户侧，可以满足用户多种能源需求的能源系统[1]。相比于传统的集中式能源，分布式能源在提高能源效率、降低供电能耗和确保用电安全等方面具有优势，是集中式能源的重要补充。

天然气分布式冷热电联供（combined cooling, heating and power, CCHP）或热电联供（combined heat and power, CHP）系统是一种典型的分布式能源系统，基于能量的梯级利用概念，以天然气为燃料，利用内燃机、斯特林发动机、燃料电池等动力设备产生电力，发电产生的高温烟气进一步用于制冷与制热，因此该系统可同时为用户提供"热、电、冷"。相比于其他动力设备，燃料电池是一种清洁高效的能量转换装置[2]，可以将燃料中的化学能直接转化为电能，从而突破卡诺循环的限制，实现较高的能量转换效率。基于燃料电池的 CHP 系统具有热、电效率高，低污染，低噪声等多方面的优点，是一类非常具有应用前景的技术[3]。

在世界范围内，日本在燃料电池 CHP 系统的研发和市场推广方面占据领先地位。从 2004 年起，日本京瓷公司与大阪燃气等展开合作研究，针对家用燃料电池热电联供系统展开研发。目前，该家用热电联供系统 ENE-

FARM [4] 已在日本实现商业化推广，截至 2015 年 10 月在日本已累计出售 10 万余台，如图 1.1 所示。ENE-FARM 使用的燃料电池为质子交换膜燃料电池（proton exchange membrane fuel cell, PEMFC）与固体氧化物燃料电池（solid oxide fuel cell, SOFC）。相比于 PEMFC，SOFC 的最大特点是其工作温度可达 873~1273 K [5]，可采用 CO 与碳氢化合物等作为燃料，同时产生高品位热能，且无需使用 Pt 等贵金属作为电极，可进一步降低成本。

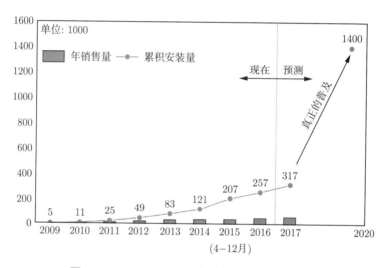

图 1.1　ENE-FARM 年销售量和累积安装量

SOFC 主要由电解质、阳极、阴极三部分组成，通常采用氧化钇稳定的氧化锆（yttria stabilized zirconia, YSZ）作为固体电解质，Ni-YSZ 陶瓷合金作为阳极，锶掺杂的锰酸镧（lanthanum strontium manganate, LSM）等作为阴极。传统的 SOFC 为双室构型 [6-8]，如图 1.2 所示，燃料和氧化剂分别通入阳极、阴极气室中，阴阳极气室间由密封材料密封以维持电极之间较高的化学势梯度。尽管传统 SOFC 发电效率较高，但在小型系统中，温度频繁变化会导致阴阳极密封失效，从而造成 SOFC 及联供系统的性能下降。

固体氧化物火焰燃料电池（solid oxide flame fuel cell, SOFFC）是一种新型的 SOFC 构型，其概念由日本神钢电机株式会社堀内等研究者 [9] 于 2004 年首次提出，如图 1.3 所示。在火焰燃料电池（flame fuel cell, FFC）

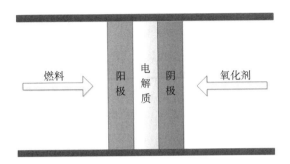

图 1.2　传统 SOFC 双室构型示意图

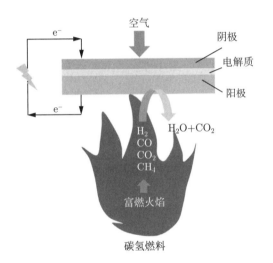

图 1.3　固体氧化物火焰燃料电池示意图

中，富燃火焰与燃料电池在"无室"构型下耦合。在燃料电池阳极，以富燃火焰消耗阳极侧氧气组分从而保证阴极、阳极之间的化学势梯度，同时维持 SOFC 所需的工作温度。与传统双室 SOFC 相比，火焰燃料电池的主要优势在于：① 燃料适应性广，可使用多类可燃气体、液体、固体作为燃料；② 装置结构简单，无需密封；③ 尽管发电效率较低，但可望实现燃料化学能梯级利用，获得较高热电联产综合效率；④ 启动快速，火焰直接可作为 SOFC 启动热源，无需额外配置热量管理系统。这些优点使火焰燃料电池成为一类具有重要应用前景的燃料电池新构型，特别有望应用于小型热电联供系统和天然气分布式发电系统[10-11]，对于我国能源技术的进步和国家能源安全具有重要意义。

1.2 固体氧化物火焰燃料电池工作原理

图 1.4 展示了火焰燃料电池的工作原理，从图中可以看出，FFC 的主体结构由燃烧器与 SOFC 两大部件组成。燃烧器作为燃料进入电池前的重整器，利用富燃火焰将碳氢燃料部分氧化重整为 CO 与 H_2，随后燃料电池利用 CO 与 H_2 作为燃料进行发电。FFC 的工作过程可分为以下几个阶段：

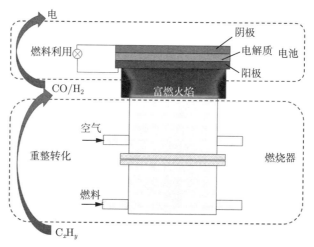

图 1.4　固体氧化物火焰燃料电池工作原理示意图

（1）部分氧化重整阶段

燃料通过燃烧器富燃燃烧，发生部分氧化重整反应产生合成气，假设空气由 21% 的 O_2 与 79% 的 N_2 组成，以甲烷为燃料时该反应为

$$CH_4+\frac{2}{\phi}(O_2+3.76N_2)\longrightarrow aH_2+bCO+cH_2O+dCO_2+\frac{2\times3.76}{\phi}N_2 \quad (1\text{-}1)$$

其中，ϕ 为燃料-空气当量比，其定义为实际的燃料/空气的质量比与当量的燃料/空气质量比的比值：

$$\phi=\frac{(m_{\mathrm{fu}}/m_{\mathrm{air}})_{\mathrm{act}}}{(m_{\mathrm{fu}}/m_{\mathrm{air}})_{\mathrm{stoic}}} \quad (1\text{-}2)$$

式 (1-1) 可看作以下两个反应的合成反应:

$$CH_4 + 2O_2 \longrightarrow CO_2 + 2H_2O, \quad \Delta H_{298K}^0 = -802 \text{ kJ/mol} \tag{1-3}$$

$$CH_4 + \frac{1}{2}O_2 \longrightarrow CO + 2H_2, \quad \Delta H_{298K}^0 = -36 \text{ kJ/mol} \tag{1-4}$$

其中,式 (1-3) 为甲烷的完全氧化反应,式 (1-4) 为甲烷部分氧化制取合成气的理想反应。在此阶段甲烷通过燃烧器富燃燃烧的部分氧化重整效率定义为富燃燃烧产物中 H_2 与 CO 的化学能与入口气体燃料化学能之比:

$$\eta_{re} = \frac{\text{富燃燃烧重整所得}H_2\text{与CO化学能}}{\text{入口燃料化学能}} \tag{1-5}$$

本书中针对甲烷燃料,其重整效率可由下式估算得到[11]:

$$\eta_{re} = 1 - 1/\phi \tag{1-6}$$

(2) 反应物传输阶段

富燃火焰重整产生的 H_2 与 CO 流经电池阳极,与 SOFC 阳极接触,扩散进入 SOFC 的多孔阳极中;与此同时,阴极通入空气,空气扩散进入到 SOFC 多孔阴极中。

(3) 电化学反应阶段

在 SOFC 阳极,H_2 与 CO 发生电化学氧化反应,消耗氧离子,生成电子:

$$H_2 + O^{2-} \longrightarrow H_2O + 2e^- \tag{1-7}$$

$$CO + O^{2-} \longrightarrow CO_2 + 2e^- \tag{1-8}$$

在 SOFC 阴极,O_2 发生电化学还原反应,消耗电子,生成氧离子:

$$O_2 + 4e^- \longrightarrow 2O^{2-} \tag{1-9}$$

由于气相燃烧反应速率比电化学反应速率快 2~3 个量级[11],燃烧产物中部分 H_2 与 CO 未能被 SOFC 利用,SOFC 的燃料利用率 η_{fu} 定义为

$$\eta_{fu} = \frac{\text{SOFC 消耗}H_2\text{与CO}}{\text{富燃产物中}H_2\text{与CO}} \tag{1-10}$$

η_{fu} 可由下式进一步计算:

$$\eta_{fu} = \frac{J}{\eta_{re}4Ff_{stoich}\dot{V}_{fuel}/V^M} \tag{1-11}$$

其中，J（A）为 SOFC 的电流；F 为法拉第常数（96485 C/mol）；f_{stoich} 为化学当量条件下氧气燃料比；$\dot{V}_{fuel}$（m³/s）为入口燃料的流量；V^M（m³/mol）为标准状况下理想气体摩尔体积，其取值为 22.4×10^{-3}。

（4）电荷传导阶段

燃料电池中电荷的传导主要由离子的传导和电子的传导构成。在电化学反应中，阴阳极发生了电子或离子的生成或消耗过程，为了保持电荷平衡，这些离子或电子必须从它们生成的区域传输到被消耗的区域。电子在电势差的推动下，通过导线传导，从阳极流出，经过负载做功后从阴极流入；氧离子在电势差和浓度差的推动下，通过电解质传导从阴极流到阳极，从而保证电荷的平衡，以及反应的持续进行。

在此阶段，定义 SOFC 的发电效率为

$$\eta_{el} = \frac{输出电功}{SOFC\ 消耗H_2与\ CO\ 化学能} \tag{1-12}$$

根据以上分析过程，FFC 的发电效率 η，定义为 FFC 的发电量与入口燃料的化学能之比，可认为由三个部分组成，即燃烧器的重整效率 η_{re}、SOFC 的燃料利用率 η_{fu} 和 SOFC 的发电效率 η_{el}：

$$\eta = \frac{输出电能}{入口燃料化学能} = \eta_{re}\eta_{fu}\eta_{el} \tag{1-13}$$

由于富燃火焰产物中存在 CO、H_2O 和部分未发生反应的 CH_4，在电池阳极 Ni 催化剂表面还可能发生水气变换（water gas shift，WGS）反应、甲烷直接内部重整（direct internal reforming，DIR）反应等化学反应[12]，如表 1.1 所示。

表 1.1　FFC 阳极 Ni 催化剂表面主要化学反应

反应名称	化学反应方程式
甲烷直接内部重整反应	$CH_4 + H_2O \longleftrightarrow CO + 3H_2$
水气变换反应	$CO + H_2O \longleftrightarrow CO_2 + H_2$
布多阿尔反应（Boudouard reaction）	$2CO \longleftrightarrow CO_2 + C$
甲烷裂解反应	$CH_4 \longleftrightarrow C + 2H_2$

1.3 研究现状综述和分析

1.3.1 发展历史和研究进展

2004 年,日本神钢电机株式会社的堀内等研究者最初提出火焰燃料电池的概念[9],将 SOFC 分别置于丁烷、煤油、固体石蜡及木材的富燃火焰中,对其电化学性能进行了测试,首次发现 SOFC 在富燃火焰中可以发电。相比于传统 SOFC,FFC 具有启动快速、装置结构简单等优点,这些优点使 FFC 成为了一类具有应用前景的 SOFC 新构型,近年来受到了国内外研究者的关注,但目前针对火焰燃料电池的研究仍处于实验室起步阶段,距离技术成熟和商业化还有一定距离。

目前针对火焰燃料电池的主要研究单位有日本神钢电机株式会社[9,13]、北海道大学[14],德国杜伊斯堡-艾森大学[15]、海德堡大学[11,16],美国雪城大学[17-21],英国圣安德鲁斯大学、斯特拉斯克莱德大学[22] 等;中国的南京工业大学[23-24]、哈尔滨工业大学[10,25] 等也展开了相关的研究。在已有的研究中,研究者分别采用了不同的燃烧器构型和电池构型对 FFC 的电化学性能展开研究。堀内等[9] 利用本生灯产生富燃火焰,测试了以丁烷、煤油等为燃料的 FFC 的电化学性能,在丁烷火焰中获得了 318 mW/cm^2 的峰值功率密度。德国海德堡大学的 Vogler、Bessler 等和杜伊斯堡-艾森大学的 Kronemayer 等与日本神钢电机株式会社合作利用 Mckenna 型平焰燃烧器产生平面预混火焰,研究了不同气体燃料(甲烷、丙烷及丁烷)和不同火焰操作条件参数对 FFC 电化学性能的影响[15],电池峰值功率密度达到 200 mW/cm^2,最大发电效率为 0.45%[11]。美国雪城大学 Ahn 等[17] 以丙烷为燃料,对比研究了采用阳极支撑 SOFC 与采用电解质支撑 SOFC 的 FFC 的电化学性能,当采用阳极支撑 SOFC 时,FFC 的最大功率密度达到 584 mW/cm^2。中国的南京工业大学邵宗平等[23] 对直接乙醇火焰 SOFC 的性能进行了研究,利用乙醇火焰内焰与增加了催化层的电池阳极配合,使电池峰值功率密度达到 200 mW/cm^2。表 1.2 总结了目前为止国内外针对 FFC 的相关研究。

在固体氧化物火焰燃料电池的工作过程中涉及电池与富燃火焰的耦合,因此,电池、燃烧器及二者的耦合特性是火焰燃料电池研究的重点。由于火焰作为 SOFC 的启动热源，启动时间短，相比于传统 SOFC，火焰燃料电池中对电池抗热震性的要求更加突出。燃烧器作为火焰燃料电池的核心部件，燃料在其中发生富燃燃烧重整为 H_2 与 CO，燃烧器的富燃特性直接影响燃料转化为合成气的重整效率，进一步影响火焰燃料电池的发电效率。此外，火焰与电池的耦合匹配特性也会对火焰燃料电池的发电效率及其热电联供效率产生影响。因此，研究电池的抗热震性、燃烧器的富燃特性和火焰与电池的耦合匹配特性是电池性能优化和结构改进的关键。

表 1.2　火焰燃料电池发展历史

国家	研究机构	年份	燃烧器类型	电池类型
日本	神钢电机株式会社	2004	本生灯	电解质支撑平板式 SOFC
	北海道大学	2013	微型喷射燃烧器	电解质支撑平板式 SOFC
德国	杜伊斯堡-艾森大学	2007	Mckenna 型平焰燃烧器	电解质支撑平板式 SOFC
	海德堡大学	2007		
英国	斯特拉斯克莱德大学	2015	Mckenna 型平焰燃烧器	电解质支撑平板式 SOFC
	圣安德鲁斯大学			
中国	南京工业大学	2008	酒精灯	电解质支撑平板式 SOFC
		2010		
	哈尔滨工业大学	2010	家用燃气灶	阳极支撑平板式 SOFC
		2012		
美国	雪城大学	2011	石英管	阳极支撑平板式 SOFC
		2015		

1.3.2　电池抗热震性

火焰是 SOFC 的启动热源，电池在火焰中的启动时间短（<30 s），这种快速的升温会使 SOFC 内部瞬时产生较大的温度梯度进而产生热应力，因此，应用于火焰燃料电池中的 SOFC 应具有较好的抗热震性，以保证 SOFC 在火焰条件下的快速启动与稳定运行。在电池层面，研究者采用了不同支撑体构型的 SOFC 与富燃火焰耦合，由于电解质支撑 SOFC 工作温度相比于其他支撑类型 SOFC 较高，在最初的研究中均采用电解质支撑 SOFC。Ahn 等 [17] 指出，相比于电解质支撑 SOFC，阳极支撑 SOFC 由于其较厚的阳极具有较好的抗热震性，在研究中首次将阳极支撑的 SOFC 应用于 FFC 系统中，但在研究中仅对比了电解质支撑 SOFC 与阳极支撑

SOFC 在稳态运行时的电化学性能,对二者在火焰操作条件下的抗热震性并未开展深入研究。

此外,在目前 FFC 的研究中,研究者均采用制造简单、功率密度高的平板式 SOFC 构型。南京工业大学的邵宗平等 [24] 将平板式 SOFC 置于乙醇内焰中,电池峰值功率密度达到了 200 mW/cm²;美国雪城大学 Ahn 等 [17] 将平板式 SOFC 与甲烷富燃火焰耦合,电池最大功率密度达到了 791 mW/cm²。平板式 SOFC 虽然具有功率密度高的优势,但哈尔滨工业大学的研究者 [23] 发现,在实验结束后电池阳极产生了微裂纹,造成电池性能下降。相较于平板式 SOFC,微管式 SOFC 具有抗热震性能好的优势 [26-30]。美国康涅狄格大学的 Sammes 等 [31] 在研究中指出,微管式 SOFC 可将典型平板式 SOFC 的 2～6 h 的启动时间降低至 10 s 以下。英国伯明翰大学的 Kendall 等 [32] 在研究中对微管式 SOFC 进行了连续的 30 次热循环,启停周期为 10 min,热循环后电池仍能保持正常运行,证明微管式 SOFC 的热循环性能较好。因此,将微管式 SOFC 应用于火焰燃料电池中,有望进一步降低火焰燃料电池的启动与响应时间,促进其在负荷变化频繁的分布式发电系统中的应用。

然而,微管式 SOFC 应用于火焰燃料电池面临的一大挑战是火焰环境的特殊性。在常规 SOFC 的升温过程中,电池的温度由热管理系统控制;而火焰环境中电池温度由瞬时的火焰操作条件决定。火焰燃料电池中,电池的升温速率由火焰中均相反应放热速率与系统的热容共同决定,而均相反应的特征时间尺度在毫秒量级 [33],相比于常规升温过程,火焰环境下电池的升温过程更加极端。因此,研究不同电池构型在火焰操作条件下的抗热震性与启动特性对于提高火焰燃料电池的性能与寿命至关重要。

电池的抗热震性取决于电池升温过程中瞬时的热应力,而热应力的大小取决于其力学性能与热学性能,并且受到电池几何形状等因素的影响。而电池在升温过程中由于温度梯度产生的瞬时热应力很难经过实验手段进行在线测量,因此,数值模拟成为了电池抗热震性研究中不可或缺的手段。目前有关 SOFC 热应力的数值模拟研究主要针对 SOFC 在稳态下的热应力问题,研究大多集中于两个方面:一是 SOFC 运行过程中,电化学反应放热使 SOFC 内部产生温度梯度从而造成的热应力问题 [34]。另一个则是由于电池阳极、电解质与阴极材料的膨胀系数不匹配而造成的残余应力问

题 [35-36]。然而，针对火焰操作条件下电池升温过程中的瞬态热应力的研究仍是空白。因此，在实验研究的基础上，结合数值模拟的手段对 SOFC 在火焰操作条件下启动时的瞬时热应力及其抗热震性进行定量的分析与预测，可以为火焰燃料电池的电池结构选型提供理论依据，并进一步指导电池的性能优化。

在电池抗热震性的研究中，燃烧器需要为电池提供一定的火焰条件。在以往的研究中，研究者采用本生灯 [9]、石英管 [17]、酒精灯 [24]、燃气灶 [10] 等产生非平面火焰，会造成沿电池阳极长度方向的温度差异，从而给 SOFC 带来热应力。为了剥离电池长度方向温度梯度的影响，将研究集中于在火焰条件下快速启动造成的电池厚度方向的温度梯度，以及由于厚度方向温度梯度引起的热应力，从而对不同构型 SOFC 的抗热震性进行研究，可在实验中借鉴在颗粒物燃烧和煤热解实验研究中广泛使用的 Hencken 型平焰燃烧器 [37-42]。在以往研究中，学者采用 Hencken 型平焰燃烧器产生平面火焰，能够保证火焰温度的均匀程度。因此，利用 Hencken 型平焰燃烧器产生富燃平面火焰，对不同构型的 SOFC 在火焰条件下的启动特性进行研究，可以保证沿电池长度方向不同位置处火焰的均匀性，进而有望有效开展电池抗热震性的研究。

1.3.3　燃烧器富燃特性

燃烧器作为火焰燃料电池的核心部件，应提供高当量比的富燃火焰将燃料转化为 H_2 和 CO，以保证燃料的部分氧化重整效率与 FFC 的发电效率，因此，对燃烧器和富燃火焰的研究是火焰燃料电池研究中的关键所在。目前，在针对火焰燃料电池的研究中，受限于当量比的调节范围，燃烧器重整效率普遍低于 30%，限制了火焰燃料电池发电效率的提升。Kronemayer 等 [15] 在研究中采用 Mckenna 型平焰燃烧器产生甲烷预混平面火焰，最高当量比为 1.3，火焰中偏低的 H_2 和 CO 组分导致电池最大发电效率仅为 0.45%。

为了拓宽燃烧器的当量比调节范围，值得借鉴的是在自由空间火焰中引入多孔介质的燃烧方式，即多孔介质燃烧。多孔介质燃烧是一种新型的燃烧技术，是燃料与空气预混气体在导热性能良好且耐高温的多孔介质内进行燃烧的方式 [43]。在多孔介质燃烧中，利用多孔介质固体骨架的热回流,可将燃烧尾气的热量经由气固对流换热、固体的辐射与导热传至上游,对预混气体进行预热,从而使燃烧区的放热为预热量与燃烧热的叠加,如图 1.5 所示,可提高富燃工况下燃烧的稳定性,进而可以在更高当量比下实现稳定富燃燃烧以提高燃烧器效率。

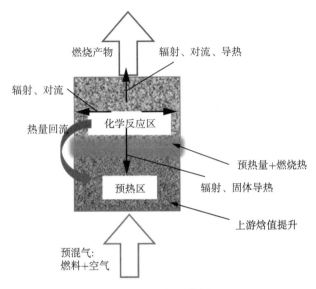

图 1.5 多孔介质燃烧机理

相比于传统的自由空间燃烧,多孔介质燃烧具有拓宽可燃极限、拓宽燃烧区域和降低污染物排放的优势,因此被广泛应用于燃料的贫燃燃烧[44-46]。研究主要集中于低热值气体的燃烧利用[47-51]、多孔介质燃烧特性[52-57]、多孔介质内反应与传热机理[58-62]以及污染物排放[63-65]等方面。由于本书的重点在于利用多孔介质内产生的热量回流为甲烷富燃部分氧化重整提供必要的高温环境,对于多孔介质内的贫燃燃烧的相关研究不再进行深入探讨。

1. 多孔介质燃烧器甲烷富燃燃烧特性

在多孔介质内贫燃燃烧的基础上,国内外研究者进一步针对多孔介质内的富燃燃烧开展了大量研究,目前已成功将甲烷在多孔介质内的富燃燃烧用于甲烷部分氧化重整制取合成气的研究中[66-71]。按照多孔介质内气体与火焰的运动特性,多孔介质燃烧可分为过滤燃烧[72-74]与驻定燃

烧 [71,75-76] 两大类。

在过滤燃烧中,火焰面随时间在多孔介质内移动和传播,火焰面通常沿燃烧器轴向向下游传播,随着火焰面向下游的传播,入口预混气体可吸收上一时刻火焰面处释放的热量,从而达到对预混气体进行预热的效果。目前,国内外研究者针对多孔介质内的甲烷富燃过滤燃烧开展了大量研究,验证了采用多孔介质富燃过滤燃烧制取合成气或制氢的可行性,见表 1.3。美国伊利诺伊大学 Kennedy 课题组的研究者 [73] 在惰性多孔介质内实现了甲烷的过滤燃烧以制取合成气,反应当量比远远超过自由空间的富燃极限。美国得克萨斯大学奥斯汀分校的 Ellzey 等 [77] 在研究中发现,当当量比为 2.5 时,利用多孔介质内过滤燃烧的方式,甲烷转化为合成气的重整效率可达到 73%。美国北卡罗来纳州立大学与智利费德里科圣玛利亚大学的研究者在当量比为 1~3.8 时对甲烷在多孔介质内的富燃过滤燃烧进行了研究,甲烷转化为合成气的重整效率最高达到了 62% [78]。浙江大学研究者 [79] 调节甲烷富燃燃烧当量比为 1.5~2.2,转化为合成气的最高重整效率为 45%。华南理工大学的研究者 [69] 在当量比为 1.1~1.7 时对甲烷在多孔介质内富燃燃烧重整进行了研究,重整效率最高为 40%。虽然利用甲烷在多孔介质内的过滤燃烧可实现较高的重整效率,但是在过滤燃烧中火焰以燃烧波的形式在多孔介质内传播,燃烧器内温度分布随时间推移会发生剧烈变化 [80],导致燃料电池承受过多热循环而失效。

表 1.3　多孔介质中甲烷富燃过滤燃烧的主要研究机构与研究现状

国家	研究机构	富燃当量比	甲烷重整效率
美国	得克萨斯大学奥斯汀分校 [77]	1.5~5	$CH_4 \longrightarrow H_2 + CO$: 73%
	伊利诺伊大学 [66,73]	1~2.5	$CH_4 \longrightarrow H_2 + CO$: 60%
	北卡罗来纳州立大学 [78]	1~3.8	$CH_4 \longrightarrow H_2 + CO$: 62%
白俄罗斯	Luikov 传热传质研究院 [74]	2~4	—
智利	费德里科圣玛利亚大学 [78]	1~3.8	$CH_4 \longrightarrow H_2 + CO$: 62%
中国	浙江大学 [79]	1.5~2.2	$CH_4 \longrightarrow H_2 + CO$: 45%
	华南理工大学 [69]	1.1~1.7	$CH_4 \longrightarrow H_2 + CO$: 40%

为了使火焰面稳定在多孔介质燃烧器中,Hsu 等 [81] 提出在上游加一块小孔多孔介质可以稳定火焰,同时防止回火。由于火焰传播只可能发生

在反应产生的热量大于与对外界散热损失的条件下，小孔多孔介质中气体对孔壁的散热量损失较大，可以起到很好的阻燃作用。Babkin[82] 发现在多孔介质中火焰能够传播的最小孔径与贝克莱数（Peclet number, Pe）有关，其定义如下：

$$Pe = \frac{S_L d_p}{a} \tag{1-14}$$

其中，S_L 为层流火焰速度，d_p 为等效孔径，a 为气体混合物的热扩散率。研究表明，只有当 Pe 大于临界贝克莱数 Pe_c 时，火焰才能在多孔介质内传播。Babkin 指出，对于甲烷空气预混火焰，Pe_c 一般为 65，当 Pe 小于 65 时，火焰不能在多孔介质中传播。如果上游多孔介质可以满足 Pe 小于临界值，下游多孔介质可以满足 Pe 大于临界值，则在一定范围内火焰可稳定在上下游的交界面，由此提出了两段式多孔介质燃烧。目前已有大量的针对两段式多孔介质燃烧器中甲烷贫燃燃烧的研究，研究主要集中于火焰稳定区间[83-87]、污染物排放特性[84,88-89] 和火焰稳定机制[90-93] 等方面，而针对甲烷富燃特性的相关研究则相对较少。德国埃尔朗根-纽伦堡大学的 Al-Hamamre 等[94] 在研究中将不同孔径的多孔介质组成两段式多孔介质燃烧器，实现了甲烷在其中稳定富燃部分氧化重整的过程。英国剑桥大学的 Pedersen-Mjaanes 等[75-76] 利用两段式多孔介质燃烧器，在当量比为 1.5~1.9 时将甲烷富燃火焰稳定在两段不同孔隙率的多孔介质界面处，保证了燃烧器内稳定的组分与温度分布，甲烷转化为合成气的重整效率达到 45%。

然而，Pedersen-Mjaanes 等在实验中发现[75]，当当量比由 1.55 增大至 1.85 时，燃烧产物中甲烷的物质的量分数由 0.4% 增大至 1.0%，且产物中 CO 与 H_2 的物质的量分数比大于 1。传统 SOFC 的研究中指出，燃料中 CH_4 与 CO 含量的增多会增大 SOFC 阳极 Ni-YSZ 积碳的可能性，进而导致电池性能的下降[95-96]。由于燃烧产物中含有大量水蒸气，通过在多孔介质燃烧器内引入催化剂有望促进 CH_4 和 CO 与水蒸气的反应，从而提升甲烷转化为 H_2 的重整效率。美国中佛罗里达大学的研究者[97-98] 采用在多孔介质区添加催化层的方法，结合了多孔介质燃烧与催化燃烧各自的优势，实现了燃烧器性能的优化。因此，采用催化增强的两段式多孔介质燃烧器有望进一步促进 CH_4 的重整转化，进而保证火焰燃料电池性能。

2. 多孔介质燃烧器甲烷富燃燃烧机理模型

甲烷在催化增强的两段式多孔介质燃烧器中的富燃燃烧，涉及火焰的均相化学反应和催化剂表面的非均相化学反应。如图 1.6 所示，火焰气相中的部分分子与基元会吸附在催化剂表面发生非均相化学反应；非均相化学反应的产物分子与基元在催化剂表面解吸附进入气相后又有可能与气相中的分子和基元进一步发生均相化学反应。在传统的甲烷催化部分氧化过程中，由于整体反应区温度不高于 1200 K，均相化学反应并不明显，催化剂表面对基元的消耗进一步抑制了气体中均相化学反应的进行[99]。然而，多孔介质内高温反应区的存在会促进气体中的均相化学反应，从而反应体系中存在气相均相化学反应与非均相表面化学反应的竞争耦合作用。而二者的耦合作用决定着燃烧器内组分与温度的分布，进而影响电池的工作环境。因此研究火焰均相化学反应与催化剂表面非均相化学反应的耦合作用机制，探索催化增强的两段式多孔介质燃烧器组分与温度的调控机制，对燃烧器的开发和性能优化具有重要的理论意义和应用价值。

由于甲烷在多孔介质内的富燃燃烧过程涉及多孔介质内部的流动、传热、传质、均相化学反应与非均相化学反应等多个物理化学过程，而由于

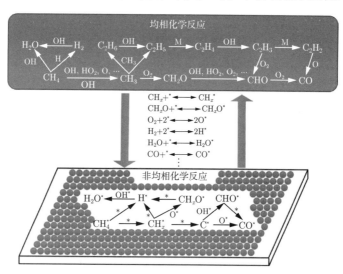

图 1.6　催化增强的多孔介质燃烧器内均相与非均相化学反应耦合作用

$x = 1, 2, 3$; * 为催化剂活性位; M 为第三体

火焰内部和催化剂表面的组分基元分布很难利用实验手段进行实时测量，且反应器内各物理场之间互相耦合，很难通过实验手段对其内部的反应与传递过程进行剥离分析，从而对反应机理的鉴别分析造成了困难。因此，建立多物理场耦合的机理模型成为了深入理解反应器内部的物理过程和鉴别均相化学反应与非均相化学反应耦合作用机制的必要手段。

近年来，研究者针对甲烷在多孔介质内的富燃燃烧过程建立了多种不同维度的模型，以预测燃烧产物组分、温度分布和操作条件对甲烷富燃部分氧化的影响规律。最初，研究者采用美国国家航空航天局（National Aeronautics and Space Administration，NASA）的化学平衡分析软件 CEA（chemical equilibrium and applications）对甲烷在多孔介质内富燃燃烧产物进行预测[75]，但该零维模型无法对反应器中的物理过程和反应动力学进行描述，因此在产物组分预测中偏差较大。Dobrego 等[67] 考虑了多孔介质燃烧器内的流动、传热、传质过程，建立了一维模型，用 6 步总包反应描述了甲烷在其中的富燃燃烧反应，对甲烷部分氧化反应中的产物生成进行了定量分析，但由于该模型中总包反应的动力学参数是由实验测试结果进行拟合得到的，其仅适用于特定形式的多孔介质反应器，限制了反应机理的通用性。随着研究的深入，研究者逐渐意识到采用基元反应机理在多孔介质内甲烷富燃燃烧模拟中的重要性，研究者分别在一维模型中利用了 Konnov 机理[100]、GRI1.2 机理[101-102]、GRI3.0 机理[77,103-104] 等基元反应机理，在模型中采用基元反应机理在组分与温度分布预测上有较高的准确度。此外，研究者普遍认为甲烷在多孔介质内的富燃燃烧过程由放热的甲烷部分氧化反应区与其后吸热的蒸汽重整反应区组成。中国科学技术大学的赵平辉等[103] 对甲烷在双层多孔介质内的富燃燃烧建立了一维模型，模型中采用 GRI3.0 机理，研究发现，在重整反应区内除了存在甲烷蒸汽重整反应之外还存在 CO 的水气变换反应。Al-Hamamre 等建立了基于 GRI3.0 机理的二维轴对称模型[105]，重点分析了上下游多孔介质材料对甲烷富燃燃烧特性的影响规律。

从以上研究中可以看到，现有模型已考虑多孔介质内的物理化学过程与甲烷富燃燃烧的均相化学反应，对甲烷在多孔介质内的富燃燃烧中的物理化学过程进行了较好的阐释。然而，现有模型均针对多孔介质层无催化作用的情形，针对催化增强的多孔介质燃烧器中甲烷的富燃燃烧过程尚缺乏相应的模型研究。因此，在文献模型的基础上，结合可靠的实验测试数据，建立耦合火焰均相化学反应与催化剂表面非均相化学反应的基元反应机理模型，利用模型分析二者的耦合作用机制，可为实验现象的深入阐释、燃烧器的开发与富燃重整性能的进一步改善提供理论依据。

1.3.4   火焰与燃料电池的耦合匹配特性

在火焰燃料电池单元层面，以往研究中均采用滞止火焰与平板式 SOFC 耦合的构型，如图 1.7 所示，这种构型结构形式简单，适用于 FFC 性能特性规律的研究。但此时阳极滞止流导致反应物停留时间短，从而电池燃料利用率较低。Vogler 等 [11] 指出，此构型的火焰燃料电池燃料利用率低于 10%，极大限制了火焰燃料电池单元发电效率的提升。因此，在研究中，为了提高火焰燃料电池单元的性能，需要综合考虑多孔介质燃烧器与微管式 SOFC 的传热与流动特性，完成基于多孔介质燃烧器的火焰燃料电池单元的设计组装与性能优化。

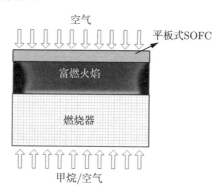

图 1.7   以往研究中的火焰燃料电池构型

此外，在火焰燃料电池中，富燃火焰与燃料电池既存在化学/电化学反应耦合，也存在热效应耦合，如图 1.8 所示。SOFC 阳极 Ni 催化剂的存在会促进甲烷富燃火焰中重整区反应的进行。同时由于 CO 与 H_2 在 SOFC 内发生电化学反应产生 CO_2 与 H_2O，可为富燃火焰的重整区提供水蒸气。Dobrego 等 [74] 在研究中发现，在多孔介质富燃燃烧体系中加入一定量（20%~50%）的水蒸气可使甲烷重整效率提高 20%。此外，由于电化学反应为放热反应，有望提高重整区的温度，进一步提高重整反应的反应速率和甲烷重整效率。因此，研究 SOFC 阳极催化剂、电化学反应产物和放热对甲烷富燃重整效率的影响规律，明确 SOFC 与富燃火焰之间的反应耦合与热耦合特性，对火焰燃料电池的实际应用至关重要。

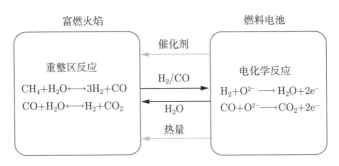

图 1.8 富燃火焰与燃料电池的耦合作用

1.3.5 基于 FFC 的冷热电联供系统分析

基于 SOFC 的微型热电联供系统可实现能源的梯级利用，因其具有热、电效率高，低污染，低噪声等多方面优点，近年来得到国内外研究者的广泛关注[106]，目前在世界范围内已经得到商业化推广，见表 1.4。相比于传统 SOFC，FFC 启动快速、装置结构简单，且避免了在小型系统中由于频繁启停带来的密封失效的问题，在小型的热电联供系统中具有突出优势。在 FFC 的运行过程中，由于燃料的部分化学能在燃烧过程中转化为热能，其发电效率要低于传统的 SOFC。但这部分热能可通过将 FFC 与其他部件组成 CHP 或 CCHP 系统进行回收，以提高系统的整体效率。

表 1.4 世界范围内已商业化的微型 SOFC 热电联供系统[106]

国家	生产厂家	产品名称	发电功率/W
澳大利亚	陶瓷燃料电池	BlueGen	1500
日本	京瓷	ENE-FARM-S	$250\sim700$
	爱信精机	ENE-FARM-S	$250\sim700$
	吉坤日矿日石能源	ENE-FARM-S	$250\sim700$

由于微管式 SOFC 具有快速启动的特点，近年来研究者针对基于微管式 SOFC 的微型热电联供系统开展了大量研究。Alston 等[107] 在研

究中构建了基于 1000 根微管式 SOFC 的热电联供系统，其发电功率为 500 W，制热功率为 30 kW。Tompsett 等 [108] 将催化部分氧化重整器、微管式 SOFC 和催化燃烧器作为主要部件组成热电联供系统，探索了其可行性。相比于传统 SOFC 的热电联供系统，基于 FFC 的热电联供系统具有较高的热电比，因此，如何有效地利用富燃燃烧过程中释放的热量是系统研究的重点。目前针对 FFC 的研究均集中于单电池性能规律的探索，尚缺乏针对 FFC 系统的构建设计与分析。在系统设计中，通过构建系统模型对 CHP 系统进行分析是推动系统实际应用的重要手段 [109-111]。西安交通大学的党政等 [112] 建立了基于 SOFC 的 CHP 系统数学模型，对不同设计工况下的系统性能和不同系统参数对性能的影响规律开展研究。Liso 等 [113] 建立了基于 SOFC 的 CHP 系统模型，并对该系统的操作条件参数进行优化，以满足不同气候条件下欧洲单个家庭的能耗，验证了系统的技术可行性。Farhad 等 [114] 建立了以生物质气为燃料的 SOFC 微型 CHP 系统，分析了不同重整方式对系统发电效率和联供效率的影响规律。因此，在 FFC 机理与性能研究的基础上，建立基于 FFC 的 CHP 和 CCHP 系统模型，掌握系统操作条件参数对于系统稳态运行特性的影响，验证系统的技术可行性，优化系统的集成匹配与能量管控策略，对于推动 FFC-CHP 系统的实际应用有着重要的意义。

1.3.6　研究中存在的主要问题

从以上研究现状的综述与分析中可以看到，目前针对固体氧化物火焰燃料电池的研究中还存在以下问题：

（1）在燃料电池层面，目前研究中使用的平板式 SOFC 抗热震性能较差，缺乏针对不同电池构型在火焰操作条件下瞬态热应力和抗热震性的定量分析；

（2）在富燃火焰层面，甲烷在催化增强多孔介质燃烧器中的富燃燃烧特性，以及火焰均相化学反应与催化剂表面非均相化学反应的耦合作用机制尚缺乏深入研究；

（3）在电池单元层面，多孔介质富燃火焰与燃料电池的反应耦合与热耦合作用机制不明确，二者耦合匹配的性能综合影响规律有待研究；

（4）在系统分析层面，基于 FFC 的 CHP/CCHP 系统研究空白，缺乏系统的稳态运行策略。

1.4   本书研究思路和研究内容

针对上述火焰燃料电池研究中存在的主要问题,本书采用实验测试与理论模型相互结合、相辅相成的方式,从燃料电池、富燃火焰、电池单元和系统分析层面,对固体氧化物火焰燃料电池的机理与性能开展研究。首先,研究火焰燃料电池中 SOFC 的抗热震性,探索不同电池构型在火焰操作条件下的热应力分布和失效概率,为火焰燃料电池中电池选型提供理论依据。其次,研究多孔介质燃烧器中甲烷的富燃燃烧特性,明确在催化增强作用下均相化学反应与非均相化学反应的耦合作用机制,为燃烧器性能优化提供理论依据。在燃料电池与富燃火焰研究基础上,考察火焰与燃料电池的耦合匹配特性,明确富燃火焰与 SOFC 阳极反应与传递过程耦合作用机制,实现火焰燃料电池单元和电堆的设计与运行。最后,研究火焰燃料电池冷热电三联供系统,为系统设计、部件匹配和性能优化奠定理论基础。本书研究的思路如图 1.9 所示,具体研究内容如下。

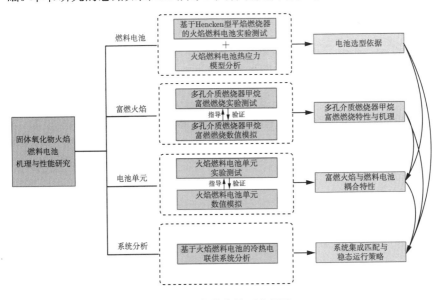

图 1.9   本书总体研究思路

1. 火焰操作条件下的 SOFC 抗热震性研究

建立火焰燃料电池热应力模型，对不同电池构型在火焰操作条件下启动时的瞬时热应力和失效概率进行定量分析，为电池构型选型提供理论依据。基于 Hencken 型平焰燃烧器，研究火焰操作条件参数（燃料、空气流率和当量比）对富燃火焰组分、电池温度，以及 SOFC 启动特性与电化学性能的影响规律（第 2 章主要内容）。

2. 多孔介质燃烧器中甲烷富燃燃烧特性与机理研究

针对增加催化层的两段式多孔介质燃烧器，考察火焰操作条件参数（燃料、空气流率和当量比）和催化层对甲烷富燃火焰温度和产物气体组分分布的影响规律，获得甲烷在催化增强的多孔介质燃烧器中富燃燃烧反应机理研究所需的实验数据（第 3 章主要内容）。

建立基元反应水平的催化增强多孔介质燃烧器中甲烷富燃燃烧的机理模型，探索火焰均相化学反应与催化剂表面非均相化学反应之间的耦合作用机制，探讨反应器内流动、传热和反应过程，为反应机理阐释与反应器性能优化提供理论工具（第 4 章主要内容）。

3. 富燃火焰与燃料电池耦合特性研究

设计并构建基于多孔介质燃烧器与微管式 SOFC 的火焰燃料电池单元和电堆，考察火焰操作条件参数对电池单元和电堆电化学性能的影响规律。综合考虑多孔介质内富燃火焰均相基元反应、催化层表面非均相基元反应、电极催化剂表面非均相基元反应、三相界面电荷转移基元反应和电池单元传热、传质特性，构建火焰燃料电池单元多物理场耦合模型，研究富燃火焰与 SOFC 阳极的反应与传递过程耦合作用机制（第 5 章主要内容）。

4. 系统分析

构建基于火焰燃料电池的微型冷热电三联供系统，对系统稳态运行特性进行计算分析，研究主要变量对系统性能的影响，为系统设计优化提供指导（第 6 章主要内容）。

第2章 火焰燃料电池热应力分析和电池选型

SOFC 的电极、电解质大多由陶瓷材料构成，热应力问题是造成 SOFC 失效的主要原因之一，特别是在火焰燃料电池的操作条件下。火焰燃料电池区别于传统 SOFC 的显著特点是火焰作为 SOFC 的启动热源，因此，SOFC 在火焰操作条件下的升温速率远快于普通 SOFC 的升温速率。这种快速的升温会导致 SOFC 内部出现瞬时较大的温度梯度，给其带来热应力，造成失效。

本章建立了考虑 SOFC 内部传热和热应力的二维模型，针对 SOFC 在火焰操作条件下启动时的瞬时热应力和抗热震性开展模型研究，分别考察了不同支撑体结构（阳极支撑、电解质支撑）与电池构型（平板式、微管式）下 SOFC 的热应力与失效概率。在此基础上，设计搭建了基于 Hencken 型平焰燃烧器的火焰燃料电池实验测试系统，分别针对平板式 SOFC 与微管式 SOFC 的启动特性开展实验研究。结合模型分析与实验研究结果，为火焰燃料电池的电池选型提供了依据。

2.1 模型建立

2.1.1 模型几何结构

在本章模拟中，分别针对平板式 SOFC 和微管式 SOFC 建立模型，其中平板式 SOFC 简化为二维模型，微管式 SOFC 简化为二维轴对称模型，简化后的二维模型几何结构如图 2.1 所示。

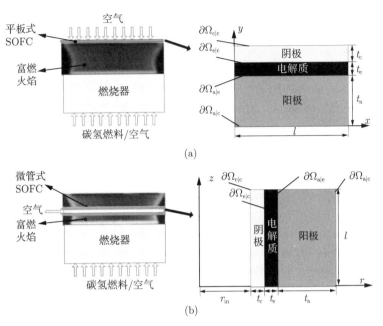

图 2.1　模型几何结构示意图

（a）平板式 SOFC；（b）微管式 SOFC

2.1.2　模型假设

由于本章模型主要分析 SOFC 启动过程中的热应力，模型中仅考虑了 SOFC 内部的传热和热应力，并未考虑 SOFC 内部的化学反应、质量传递与电荷传递过程，在此基础上，模型计算中主要进行了如下假设与简化。

（1）电池内部忽略辐射传热过程，仅考虑固体导热；

（2）忽略火焰的放热和燃烧尾气对电池的对流换热过程，火焰对电池的加热过程简化为阳极与气体界面的温度边界；

（3）温度载荷是造成 SOFC 内部应力的唯一因素。

2.1.3　控制方程

1. 能量守恒方程

电池内部的能量守恒方程为

$$\frac{\partial(\rho c_p T)}{\partial t} + \nabla \cdot (-\lambda \nabla T) = Q \tag{2-1}$$

由于模型中未考虑化学反应与电化学反应，热源项 Q 为 0；ρ 为电极密度 (kg/m^3)；c_p 为比热容 $(J/(kg·K))$；λ 为电极的热导率 $(W/(m·K))$。SOFC 各层材料取典型高温 SOFC 的材料，其阳极为 Ni-YSZ（由 NiO-YSZ 还原，NiO 的质量分数为 50%），阴极为 LSM，电解质为 YSZ，各层材料热物性参数的取值见表 2.1。

表 2.1　SOFC 各层热物性参数 [115]

电池层	密度 ρ / (kg/m^3)	热导率 λ / $(W/(m·K))$	比热容 c_p / $(J/(kg·K))$
阳极	3030	6.23	595
电解质	5160	2.7	573
阴极	3310	9.6	606

2. 热应力模型

模型中仅考虑由于热载荷引起的应力，应力方程为

$$\boldsymbol{\sigma} = \boldsymbol{D}(\boldsymbol{\varepsilon} - \boldsymbol{\varepsilon}_{\text{th}}) \tag{2-2}$$

其中，$\boldsymbol{\sigma}$ 为应力向量；$\boldsymbol{\varepsilon}_{\text{th}}$ 为由于温度变化引起的应变向量：

$$\boldsymbol{\varepsilon}_{\text{th}} = \boldsymbol{\alpha}_{\text{vec}}(T - T_{\text{ref}}) \tag{2-3}$$

其中，T_{ref} 为零应力的参考温度；$\boldsymbol{\alpha}_{\text{vec}}$ 为热膨胀系数向量。对于平面应变问题有

$$\boldsymbol{\alpha}_{\text{vec}} = [\alpha \quad \alpha \quad \alpha]^{\text{T}} \tag{2-4}$$

对于二维轴对称问题有

$$\boldsymbol{\alpha}_{\text{vec}} = [\alpha \quad \alpha \quad \alpha \quad 0]^{\text{T}} \tag{2-5}$$

其中，α 为热膨胀系数。

$\boldsymbol{D}$ 为弹性矩阵，对于平面应变问题有

$$\boldsymbol{D} = \frac{E(1-\nu)}{(1+\nu)(1-2\nu)} \begin{pmatrix} 1 & \dfrac{\nu}{1-\nu} & 0 \\ \dfrac{\nu}{1-\nu} & 1 & 0 \\ 0 & 0 & \dfrac{1-2\nu}{2(1-\nu)} \end{pmatrix}$$

对于二维轴对称问题有

$$
D = \frac{E(1-\nu)}{(1+\nu)(1-2\nu)}
\begin{pmatrix}
1 & \dfrac{\nu}{1-\nu} & \dfrac{\nu}{1-\nu} & 0 \\
\dfrac{\nu}{1-\nu} & 1 & \dfrac{\nu}{1-\nu} & 0 \\
\dfrac{\nu}{1-\nu} & \dfrac{\nu}{1-\nu} & 1 & 0 \\
0 & 0 & 0 & \dfrac{1-2\nu}{2(1-\nu)}
\end{pmatrix}
$$

其中，E 为杨氏模量；ν 为泊松比。

本章利用有限元分析软件 Comsol Multiphysics 中的结构力学分析模块对电池三层结构（阳极，电解质，阴极）的热应力进行求解。在模型中，零应力的参考温度设置为 1283 K[116]。电池材料的结构力学物性参数与温度密切相关，表 2.2 给出了不同温度下电池材料杨氏模量 E、泊松比 ν 和热膨胀系数 α 的取值，其他温度下的取值采用线性插值法计算。

表 2.2　SOFC 各层材料结构力学物性参数

结构力学参数	温度/K	阳极	电解质	阴极
杨氏模量 E/GPa	298	76.75[117]	190[118]	41[119]
	1073	63.4[117]	157[118]	43.4[119]
泊松比 ν	298	0.283[117]	0.308[118]	0.28[119]
	1073	0.286[117]	0.313[118]	0.28[119]
热膨胀系数 α（$\times10^{-6}$）	298	11.7[120]	7.6[121]	9.8[121]
	1273	12.5[120]	10.5[121]	11.8[121]

2.1.4　边界条件

模型中对于温度场与应力场分别进行边界条件设置。

温度场：阳极与气体流道界面边界 $\partial\Omega_{a|c}$ 设置为温度边界 T_{an}，需要说明的是，在启动过程中，T_{an} 为时间的函数；阴极与气体流道界面边界 $\partial\Omega_{c|c}$ 设置为对流换热边界，电极电解质界面边界 $\partial\Omega_{a|e}$ 和 $\partial\Omega_{e|c}$ 设置为连续边界，其余边界为绝热边界。

应力场：电极电解质界面边界 $\partial\Omega_{a|e}$ 和 $\partial\Omega_{e|c}$ 设置为连续边界，其余边界为无约束边界。

2.1.5　求解方法

本章采用商业有限元分析软件 Comsol Multiphysics 对模型进行求解,瞬态求解时间步长设置为 0.01 s,求解器选用瞬态分离式求解器对传热-应力耦合场进行求解。

2.2　模型验证与结果分析

2.2.1　模型验证

本节将分别利用实验数据和 Hsueh [122] 所用的解析方法对热应力模型进行验证。由于 SOFC 工作时的瞬时热应力难以进行在线测量,因此,采用文献 [123] ~ 文献[124] 中测得的不同温度下半电池的残余应力对模型进行验证,结果见表 2.3。从表中可以看到,对于阳极厚度为 510 μm、电解质厚度为 10 μm 的半电池,当温度由室温升高到 1073 K 时,实验测得的电解质层残余应力由 −300 MPa 降低到 −50 MPa [123],而模拟预测的残余应力从 −384 MPa 降低至 −81 MPa。Fisher 等 [124] 在实验中测试了阳极厚度为 1.5 mm、电解质层厚度为 10 μm 的半电池的残余应力,发现室温下电解质层所受的残余应力为 −520 MPa,而模拟计算所得的结果为 −423 MPa。虽然模型预测与实验结果在具体数值上有所差异,但应力方向和量级均一致。需要说明的是,由于在实验测试中并未给出阳极和电解质的结构力学物性参数,而阳极的材料配比、密度,电解质层的密度等参数都会影响材料的杨氏模量等结构力学物性参数,进一步对热应力的数值造成影响,因此,很难直接对比实验测试与模拟计算的数值大小 [125]。

表 2.3　电解质层残余应力模拟与实验对比

参数	T/K	t_{e}/μm	t_{a}/μm	电解质残余应力/MPa
实验值	298	10	510	−300 [123]
模拟值				−384
实验值	1073	10	510	−50 [123]
模拟值				−81
实验值	298	10	1500	−520 [124]
模拟值				−423

为了进一步对整个电池的热应力分布进行验证, 利用 Hsueh [122] 开发的解析模型对数值模型进行验证。在解析模型中, 当计算多层结构中第 n 层的热应力分布时, 将其他 $n-1$ 层看作一个复合层, 其材料物性取每层的厚度平均。下面对计算步骤进行详细介绍, 在如图 2.2 所示的一个多层结构中, n 个厚度分别为 t_i 的层依次堆叠在一个厚度为 t_s 的基底上。将厚度方向坐标轴 z 轴的 0 点定在基底上表面, h_i 代表第 i 层上表面的坐标, 其与 t_i 的关系式为

$$h_i = \sum_{j=1}^{i} t_i \quad (i = 1, 2, \cdots, n) \tag{2-6}$$

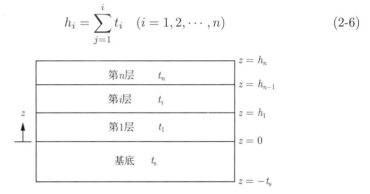

图 2.2 多层结构示意图

该多层结构的应变量为

$$\varepsilon = c + \frac{z - t_b}{r} \quad (-t_s \leqslant z \leqslant h_n) \tag{2-7}$$

其中, c 为均匀应变分量, 由式 (2-8) 计算:

$$c = \frac{\left(E_s t_s \alpha_s + \sum_{i=1}^{n} E_i t_i \alpha_i\right) \Delta T}{E_s t_s + \sum_{i=1}^{n} E_i t_i} \tag{2-8}$$

t_b 为弯曲轴的坐标, 需要注意的是, 此处的弯曲轴为弯曲应力为 0 的位置, 其坐标由式 (2-9) 计算:

$$t_b = \frac{-E_s t_s^2 + \sum_{i=1}^{n} E_i t_i (2h_{i-1} + t_i)}{2\left(E_s t_s + \sum_{i=1}^{n} E_i t_i\right)} \tag{2-9}$$

r 为多层结构的曲率，由式 (2-10) 计算：

$$r = \frac{E_s t_s^2(t_s + 3t_b) + \sum_{i=1}^{n} E_i t_i[6h_{i-1}^2 + 6h_{i-1}t_i + 2t_i^2 - 3t_b(2h_{i-1} + t_i)]}{3[E_s(c - \alpha_s \Delta T)t_s^2 - \sum_{i=1}^{n} E_i t_i(c - \alpha_i \Delta T)(2h_{i-1} + t_i)]}$$

(2-10)

利用应变量可以计算正应力，如式 (2-11) 所示：

$$\sigma_i = E_i(\varepsilon - \alpha_i \Delta T) \quad (i = 1, 2, \cdots, n; i = s)$$

(2-11)

当多层结构为板状而非长条状时，式 (2-11) 中的杨氏模量 E_i 需要用双轴模量 E_i' 代替：

$$E_i' = \frac{E_i}{1 - \nu_i}$$

(2-12)

其中，ν 为泊松比。

分别利用解析模型与数值模型对阳极支撑 SOFC（anode supported solid oxide fuel cell, ASSOFC）与电解质支撑 SOFC（electrolyte supported solid oxide fuel cell, ESSOFC）在 1000 K 升温下的热应力分布进行计算。在解析模型中，将阳极看作基底层，电解质看作第一层，阴极看作第二层，材料的物性参数设置与数值模型一致。数值解与解析解的对比如图 2.3 所示。可以看到，本章所用的数值计算解与解析解符合良好，误差不超过 4%，由此可证明，本章开发的模型可用于电池热应力的计算与预测。

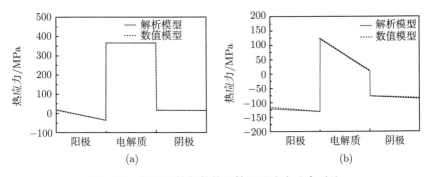

图 2.3　解析计算与数值计算所得应力分布对比

（a）ASSOFC；（b）ESSOFC

2.2.2　在火焰操作条件下与传统操作条件下的 SOFC 热应力对比

　　在本章的引言中指出，火焰的快速升温会造成 SOFC 内部产生温度梯度，为 SOFC 带来热应力。为了定量地对比火焰操作条件与传统操作条件下 SOFC 的热应力，本节通过设置不同的升温时间对典型火焰操作条件和传统 SOFC 操作条件下升温时的瞬时热应力分布进行模拟计算。此处的升温时间定义为电池阳极温度从室温（298 K）上升到工作温度（1073 K）所需的时间。在火焰燃料电池中，SOFC 由火焰直接加热，而升温速率由火焰中均相反应放热速率与整个系统的热容共同决定。其中均相反应的特征时间在毫秒量级，因此，在模型中将此时间尺度作为最极端的升温速率边界条件。在实际操作中，考虑到实际系统的传热热阻，电池的实际升温速率可达秒量级。在本模型中，阳极温度边界被设置为四种不同的升温时间，分别为 0.1 s，1 s，50 s，1000 s。其中，前三组条件代表典型的火焰操作条件，最后一组代表传统的 SOFC 操作条件。

　　本节中的模型针对阳极支撑平板式 SOFC 进行计算，电池阳极边界温度达到 1073 K 时的瞬时温度分布和热应力分布分别如图 2.4 和图 2.5 所示。在火焰操作条件下，当阳极边界瞬时达到 1073 K 时，阳极表面（$y = 0$）和阴极表面（$y = 1150$）的瞬时温差可达几百开，而在传统 SOFC 操作条件下，阴阳极表面温差维持在 1 K 以内。从图 2.5 可以看出，电解质和阴极内的应力为压应力，而阳极内部既存在压应力也存在拉应力。此外，随

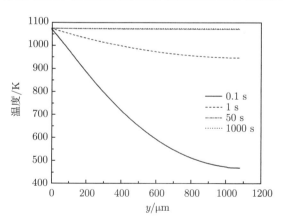

图 2.4　不同升温速率下电池内部温度分布

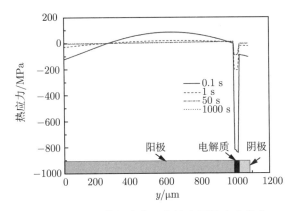

图 2.5　不同升温速率下电池内部热应力分布

着升温速率增加，SOFC 内部温度梯度增大，最大压应力与最大拉应力均增大。

由于陶瓷材料的抗压强度远高于其抗拉强度，因此陶瓷材料更易受拉应力产生失效。从图 2.5 中可以看出，阴极内部的压应力远小于电解质内的压应力，因此阴极不易失效。电解质内最大压应力达到 800 MPa，仍远低于电解质材料 YSZ 的受压断裂应力（高于 1 GPa [126]）。因此，承受拉应力的阳极是 SOFC 内最易失效的部位。

SOFC 的失效概率可以用在陶瓷材料失效概率分析中常采用的威布尔分布进行计算 [125, 127]：

$$P = 1 - \exp\left[-\left(\frac{\sigma}{\sigma_0}\right)^m\right] \tag{2-13}$$

其中，σ_0 为材料的特征强度；m 为威布尔系数。表 2.4 列出了电池材料的特征强度与威布尔系数。

表 2.4　电池材料的断裂强度性质 [128]

断裂强度参数	阳极（Ni/YSZ）	电解质（YSZ）	阴极（LSM）
特征强度/MPa	79	154	75
威布尔系数	7	8.6	3.7

电池内部的最大拉应力和由式 (2-13) 计算所得的失效概率见表 2.5。从表中可看出，火焰的快速升温导致燃料电池内部沿厚度方向产生温度梯度，从而带来极大的热应力。当升温时间由 1000 s（传统 SOFC 条件）降

低至 1 s（火焰操作条件）时，电池的失效概率升高了 2 个数量级。而当升温时间进一步降低至 0.1 s 时，电池的失效概率比传统 SOFC 操作条件下升高了 6 个数量级。综上所述，火焰的快速升温会给 SOFC 带来极大的热应力，并增大其失效概率，更容易造成电池失效。

表 2.5   不同升温速率下电池内部最大拉应力与失效概率

参数	火焰操作条件			传统操作条件
升温时间/s	0.1	1	50	1000
电池内最大拉应力/MPa	83	18	10.8	8.7
失效概率	0.76	3.2×10^{-5}	8.9×10^{-7}	2.0×10^{-7}

2.2.3   支撑体结构对抗热震性的影响

2.2.2 节的研究结果指出，火焰操作条件相比于传统 SOFC 操作条件，其快速升温速率会导致 SOFC 失效概率增大，因此，需要从抗热震性的角度选择适合火焰燃料电池的电池类型。本节将从 SOFC 的支撑体结构角度出发，分别针对目前火焰燃料电池中使用的阳极支撑 SOFC（ASSOFC）与电解质支撑 SOFC（ESSOFC）在火焰启动条件下的热应力和抗热震性进行研究。在模型中，对 ASSOFC 与 ESSOFC 阳极设置相同的温度边界条件，即 1 s 内由 298 K 上升至 1073 K，对阳极温度达到 1073 K 时的瞬时温度分布和热应力分布进行计算，计算结果分别如图 2.6 与图 2.7 所示。

从图 2.6 中可以看出，当阳极温度达到 SOFC 工作温度 1073 K 时，ESSOFC 阴阳极边界的瞬时温差约为 20 K，远小于 ASSOFC 阴阳极边界的瞬时温差（约为 100 K）。这是由于 ESSOFC 的电池厚度要远小于 ASSOFC 的电池厚度，从而沿电池厚度的热传导更加快速。然而，尽管 ESSOFC 阴阳极边界的温差更小，其内部产生的最大拉应力却大于 ASSOFC 内部产生的最大拉应力。此外，不同于 ASSOFC，ESSOFC 阴极内部产生的应力为拉应力而非压应力，从而其阴极更易失效。由威布尔分布计算的 ASSOFC 与 ESSOFC 的失效概率见表 2.6。可以看到，在相同的火焰燃料电池升温速率下，ESSOFC 的失效概率比 ASSOFC 的失效概率高 2 个数量级，证明相比于电解质支撑，阳极支撑是更适用于火焰燃料电池的支撑体构型。

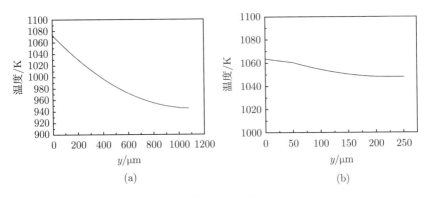

图 2.6　不同支撑体结构下的瞬时温度分布

（a）ASSOFC；（b）ESSOFC

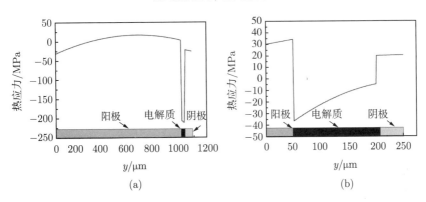

图 2.7　不同支撑体结构下的瞬时应力分布

（a）ASSOFC；（b）ESSOFC

表 2.6　相同升温速率下 ASSOFC 与 ESSOFC 内部最大拉应力和失效概率

支撑体结构	电池层	电池内最大拉应力/MPa	失效概率
ASSOFC	阳极	18	3.2×10^{-5}
ESSOFC	阳极	35	3.3×10^{-3}
	阴极	20	7.5×10^{-3}

2.2.4　电池构型对抗热震性的影响

从以上两节的研究中可知，电池的抗热震性在火焰燃料电池中至关重要，而阳极支撑的 SOFC 相比于电解质支撑的 SOFC 具有更好的抗热震性。相比于平板式 SOFC，微管式 SOFC 具有启动时间短（10 s~10 min）的特点，本节将利用所开发的模型，对比阳极支撑平板式 SOFC 与阳极支撑微管式 SOFC 在火焰操作条件下的抗热震性。

采用与 2.2.2 节相同的阳极温度边界条件，对升温速率分别为 0.1 s，1 s 和 50 s 的典型火焰操作条件下，阳极支撑微管式 SOFC 的瞬态热应力和失效概率进行计算，并将其与 2.2.2 节阳极支撑平板式 SOFC 的计算结果进行对比。与阳极支撑平板式 SOFC 相同，在快速升温的边界条件下，阳极支撑微管式 SOFC 内部所受拉应力最大的区域为阳极。在相同升温速率下计算所得的电池内部最大拉应力和失效概率见表 2.7。从表中可看出，在典型火焰升温速率条件下，微管式 SOFC 电池内部的最大拉应力和失效概率均小于平板式 SOFC。此外，阳极升温速率越快，即越接近火焰升温的极端条件时，采用微管式 SOFC 的失效概率比采用平板式 SOFC 的失效概率小的数量级越多。当升温时间为 0.1 s 时，采用微管式 SOFC 的失效概率比平板式 SOFC 低两个数量级。因此，相比于平板式 SOFC，微管式 SOFC 的抗热震性更好，更适用于火焰燃料电池。

表 2.7　火焰操作条件下平板式 SOFC 与微管式 SOFC
内部最大拉应力和失效概率

升温时间	参数	平板式 SOFC	微管式 SOFC
0.1 s	电池内最大拉应力/MPa	83	40
	失效概率	0.76	8.5×10^{-3}
1 s	电池内最大拉应力/MPa	18	11
	失效概率	3.2×10^{-5}	1.0×10^{-6}
50 s	电池内最大拉应力/MPa	10.8	8
	失效概率	8.9×10^{-7}	1.1×10^{-7}

2.3　实　验　介　绍

2.2 节利用数值模拟手段，对火焰操作条件下燃料电池的热应力和失效概率进行了定量分析计算，并从抗热震性的角度，对火焰燃料电池中的电池选型提出了建议。为了进一步验证模拟分析的结论，本节将设计搭建基于 Hencken 型平焰燃烧器的火焰燃料电池实验测试系统，并分别针对阳极支撑平板式 SOFC 与阳极支撑管式 SOFC 在火焰条件下的启动与运行特性开展实验研究。

2.3.1　Hencken 型平焰燃烧器

本章采用 Hencken 型平焰燃烧器产生甲烷平面富燃火焰，以避免电池长度方向的温差，对两种不同电池构型（平板式 SOFC 与微管式 SOFC）在火焰操作条件下的抗热震性开展研究。实验中所用的 Hencken 型平焰燃烧器如图 2.8 所示。燃烧器由排布在蜂窝矩阵中的 116 个氧化剂孔与 232 根不锈钢燃料管束构成，空气和甲烷分别从氧化剂孔与燃料管束中流出，每个氧化剂孔周围布置 6 个燃料管束。燃烧器出口尺寸为 55 mm × 55 mm，燃料管的内径与外径分别为 1.2 mm 与 1.5 mm。在实验过程中，燃烧器外部放置一个内径为 97 mm、高度为 50 mm 的圆形玻璃罩，以减小外界环境对火焰的干扰。

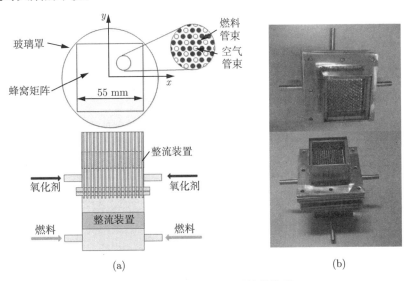

图 2.8　Hencken 型平焰燃烧器

（a）结构示意图；（b）实物图

2.3.2　电池结构与制备工艺

本章采用的电池分别为阳极支撑平板式 SOFC 与阳极支撑微管式 SOFC，二者均由中国科学院上海硅酸盐研究所制备，电池形貌如图 2.9 所示。

图 2.9　平板式 SOFC 与微管式 SOFC 形貌

(a) 平板式 SOFC；(b) 微管式 SOFC

　　平板式 SOFC 由 Ni-YSZ 阳极支撑层（680 μm）、Ni-ScSZ 阳极活化层（15 μm）、ScSZ 电解质层（20 μm）和 LSM-ScSZ 阴极层（15 μm）构成。阴极层为 30 mm×30 mm 的正方形，其他层为 50 mm×50 mm 的正方形。阳极支撑层的材料为 8 mol% 氧化钇稳定的氧化锆（YSZ，TOSOH，日本）与氧化镍（NiO，INCO，加拿大）的混合粉体，二者的质量比是 1:1。阳极活化层的材料为氧化钪稳定的氧化锆（ScSZ，$Zr_{0.89}Sc_{0.1}Ce_{0.01}O_{2-x}$，第一稀元素化学工业株式会社，日本）与 NiO 的混合粉体，二者的质量比是 1:1。电解质粉体材料为 ScSZ。阴极层材料为锶掺杂的锰酸镧（LSM，$(La_{0.8}Sr_{0.2})_{0.95}MnO_3$，Inframat Advanced Materials，美国）与 ScSZ 的混合粉体。在制备过程中，首先把各层材料的粉体与分散剂混合，分散剂材料为乙醇与甲基二醇酮，在行星研磨机中进行研磨以得到均匀浆料。为保证电极层的多孔结构，向电极浆料中加入 40wt% 的淀粉作为造孔剂。随后，将制得的浆料与黏结剂和增塑剂混合，黏结剂与增塑剂分别为聚乙烯醇缩丁醛（PVB）聚乙二醇（PEG 200），混合后再次在行星球磨机中进行研磨制成均匀浆料[129]。在研磨结束后，采用真空脱泡机产生负压，从而将混合浆料中的空气去除，并进一步对浆料黏度进行调整。浆料制备完成后，采用流延法制备电池生坯。首先，在玻璃板上对电解质层浆料进行流延。随后在空气氛围下干燥一段时间，再对阳极活性层和阳极支撑层浆料进行流延。流延后的电池生坯在室温中干燥 24 h，再在 1673 K 的空气气氛下进行 4 h 的共烧结。然后将阴极浆料在烧结过的阳极-电解质基底上进行丝网印刷，并在 1473 K 的空气氛围下进行 3 h 的共烧结，以制备成完整的平板式电池[130]。最后，采用丝网印刷法在阴阳极表面印制网状银浆以更好地收集电压电流信号。

　　微管式 SOFC 由 Ni-YSZ 阳极支撑层（760 μm）、Ni-ScSZ 阳极活化层（10 μm）、ScSZ 电解质层（20 μm）和 LSM-ScSZ 阴极层（15 μm）构成，

内径约为 5 mm，长度约为 10 cm。各层的粉体和浆料制备与上述平板式
SOFC 相同。在制备微管式电池时，把一根玻璃盲管放入阳极支撑层浆料
中 30 s 后缓慢拔出，随后将玻璃管在量筒中进行悬挂，从而滴尽多余的浆
料。对上述浸渍过程重复 5~6 次，从而使阳极支撑层达到一定的厚度。将
挂有阳极浆料的玻璃管在室温下干燥 48 h，缓慢抽出玻璃管以获得阳极支
撑层管坯，将管坯在 1273 K 空气气氛中预烧结 2 h。将 NiO-ScSZ 浆料注
满烧结后的阳极支撑层管坯，30 s 后将其倒出，干燥后在 1273 K 的空气气
氛中共烧结 2 h，以制得阳极管坯。再采用相同的方法向管坯内注入 1 次
ScSZ 浆料，干燥后在 1673 K 的空气气氛中共烧结 4 h，以制备电解质-阳
极管坯。最后向管坯内注入 1 次 LSM-ScSZ 浆料，干燥后在 1473 K 的空
气气氛中共烧结 3 h，制备出完整的微管式 SOFC[131]。

2.3.3　反应器和测试系统

实验中分别将 Hencken 型平焰燃烧器与平板式 SOFC 和微管式 SOFC
耦合，构建 FFC 反应器，实验装置结构简图如图 2.10 所示。在图 2.10（a）所
示的平板式 FFC 反应器中，电池阳极与火焰直接耦合，而阴极暴露在空气
中。SOFC 的阴阳极分别采用铂网对其进行集流，此外，将一块镍毡放置在
电池阳极，并将其与阴极放置的陶瓷板用螺栓结构固定。组装后的电池放
置在中间开有方形口（35 mm×35 mm）金属盒（150 mm×150 mm×30 mm）
中进行承接。在金属盒内部加入保温材料，以减少阴极对外散热。承接装
置安装在位移台上，以调整 SOFC 与燃烧器的距离。在图 2.10（b）所示
的微管式 FFC 反应器中，在火焰外侧放置不锈钢盘管，不锈钢管外径为
3 mm、内径为 2 mm，盘管一端插入 SOFC 中，作为阴极气体的入口流道
为其提供空气。此外，内侧的不锈钢管同时作为阴极的集流管，为了使不
锈钢管与阴极紧密接触，需在不锈钢管外包裹一层银网。微管式 SOFC 的
外侧包裹一层泡沫镍毡进行集流，镍毡采用直径为 0.3 mm 的镍铬丝缠绕
进行固定。最后，使用滴管向银网内和镍毡表面滴入钯浆（MC-Pd100，有
研亿金，中国）以进一步减小接触电阻。

在实验中采用 S 型热电偶对火焰温度进行测量，并对测量结果进行辐
射修正。采用 Gamry 电化学工作站（Gamry Instruments，美国）对电池
的 IV 曲线与电化学阻抗谱（electrochemical impedance spectra, EIS）进行

测试。采用线性扫描模式对 IV 曲线进行测试，扫描频率为 10 mV/s。当测试电池的 EIS 时，在电池开路电压附近施加 20 mV 的激励电压，扫描频率范围为 1~100 MHz。在实验结束后，采用扫描电子显微镜（scanning electronic micrometer，SEM）（ZEISS MERLIN Compact，德国）对电池的微观形貌进行表征。

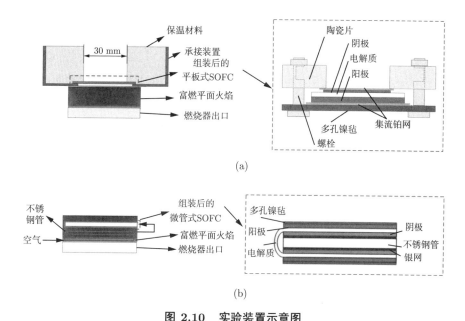

图 2.10　实验装置示意图

（a）平板式 FFC；（b）微管式 FFC

2.4　实验结果与分析

2.4.1　Hencken 型平焰燃烧器温度分布

在实验中采用 Hencken 型平焰燃烧器的目的是避免电池长度方向的温差，从而将研究集中于电池厚度方向的温差，并进一步分析其抗热震性。因此，本章分别对离燃烧器出口不同高度位置的平面温度场进行测量。实验所用燃料为 CH_4，氧化剂为 O_2 与 N_2 的混合气体，本节所用气体流量见表 2.8。实验中通过调节 CH_4 流量改变当量比 ϕ，同时调节 N_2 流量以保证火焰的稳定性。

表 2.8　燃烧器实验测试工况

当量比 ϕ	CH₄/ (L/min,STP)	O₂/ (L/min,STP)	N₂/ (L/min,STP)
1.2[a]	1.8	3	13.35
0.95[b]	2.13	4.5	19.26
1.1[b]	2.47	4.5	18.06
1.2[b]	2.69	4.5	18.63

a: 测量 x 方向温度分布实验工况;

b: 测量 z 方向温度分布实验工况。

实验中气体的流速可用总流量和燃料管束与氧化剂通道的几何尺寸来估算,对于典型的操作条件(见表 2.8 中 $\phi = 1.2^{\mathrm{b}}$),管束出口处燃料流速为 $v_{\mathrm{fuel}} = 0.17$ m/s,氧化剂流速为 $v_{\mathrm{O_2/N_2}} = 1.88$ m/s,其相应的雷诺数分别为 $Re_{\mathrm{fuel}} = 12$ 和 $Re_{\mathrm{O_2/N_2}} = 182$。因此,燃料管束出口的约 232 个小层流扩散火焰组成了燃烧器出口的火焰面。火焰面位置与燃烧器出口十分接近(小于 5 mm),在此高度附近 5 mm 左右温度变化较大,而在此区域之上,温度分布在水平与垂直方向均较均匀。图 2.11(a)展示了距离燃烧器出口不同高度 x-y 平面上火焰温度的变化,从图中可以看出在同一高度平面内,当热电偶沿 x 方向在燃烧器中心左右移动 ±20 mm 时,火焰温度变化在平均温度附近变化小于 ±2%。图 2.11(b)展示了在当量比分别为 0.95,1.1 和 1.2 的工况下,热电偶测温结果随距离燃烧器出口高度的变化情况。从图中可以看出,火焰温度在距离燃烧器出口 5~10 mm 降低较快,

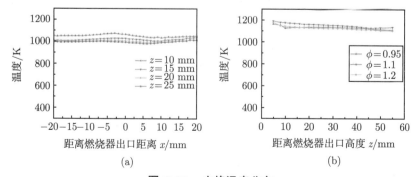

图 2.11　火焰温度分布

(a)距离燃烧器出口不同高度平面方向;(b)不同当量比下轴向方向

但距离超过 10 mm 后，在 45 mm 范围内，火焰温度变化小于 ±2%。同时可以看出，当当量比为 1.1 时的火焰温度高于当量比为 0.95 与 1.2 时的火焰温度，这是由于绝热燃烧温度在略富燃工况下达到最高值。由以上分析可知，实验中所用 Hencken 型平焰燃烧器可以为火焰燃料电池的运行提供平面方向较为均匀的温度场，且此恒温区在高度方向可维持至少 45 mm。

2.4.2　平板式 SOFC 与微管式 SOFC 的启动特性

本节将对比在 Hencken 型平面富燃火焰中平板式 SOFC 与微管式 SOFC 的启动特性。在启动阶段，当量比保持在 1.1，CH_4 流量为 1.7 L/min（STP），O_2 流量为 3.0 L/min（STP），N_2 流量为 13.3 L/min（STP），直接点火启动。当对平板式 SOFC 进行直接点火启动后，发生了电池碎裂的现象，如图 2.12 所示。而在相同的操作条件下，对微管式 SOFC 直接点火启动，SOFC 的开路电压（open circuit voltage，OCV）在 120 s 以内由 0 上升至 0.90 V，如图 2.13 所示。在实验结束后，利用 SEM 对微管式 SOFC 断面进行观察，其断面微观形貌同样展示在图 2.13 中，可以看到，在直接点火启动后，微管式 SOFC 电池断面并无微裂纹出现。从本节实验结果可看出，相比平板式 SOFC，微管式 SOFC 具有更好的抗热震性，有利于实现 FFC 的快速启动。

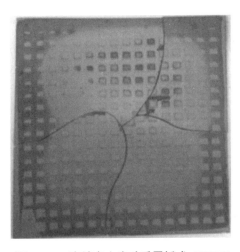

图 2.12　直接点火启动后平板式 SOFC

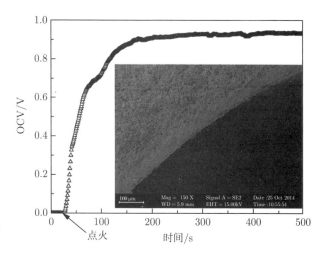

图 2.13　直接点火启动后微管式 SOFC 的 OCV 曲线和电池断面微观形貌

2.4.3　微管式 FFC 电化学性能

2.4.2 节的实验结果表明，微管式 SOFC 在火焰启动条件下具有良好的抗热震性，适用于火焰燃料电池中。本节在不同操作条件下，对基于 Hencken 型平焰燃烧器与微管式 SOFC 的 FFC 的电化学性能进行测试。在实验初期，阳极的 NiO 由富燃火焰中的 H_2 与 CO 在线还原为 Ni。还原完毕（即间隔 10 min 测试两条 IV 曲线重合）后，测试在不同当量比下和气体流量下的电池性能。在实验过程中，电池阴极空气流量保持为 100 mL/min，CH_4，O_2，N_2 的流速见表 2.9。在不同火焰操作条件下，SOFC 的 IV 曲线与 EIS 曲线分别如图 2.14（a）和（b）所示。此外，需要注意的是，由于仅有位于火焰区的电池被富燃火焰还原，电池的有效长度为 6 cm，因此，在电流密度计算中采用的有效面积为 9.42 cm²。

表 2.9　FFC 电化学性能实验测试工况

当量比 ϕ	流量比例系数	CH_4/ (L/min,STP)	O_2/ (L/min,STP)	N_2/ (L/min,STP)
1.1	1.0	1.7	3.0	13.3
1.1	1.5	2.5	4.5	17.2
1.2	1.5	2.7	4.5	18.6

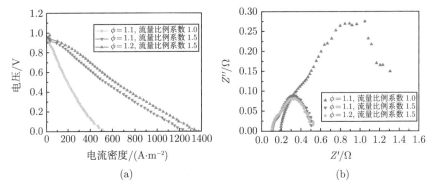

图 2.14　不同火焰操作条件下的 SOFC 电化学性能

(a) IV 曲线; (b) EIS 曲线

从图 2.14（a）中可以看出，当 CH_4 流量为 1.7 L/min（STP）、当量比为 1.1 时，OCV 达到了 0.94 V，而当当量比进一步增大至 1.2 时，OCV 增大至 0.96 V。表 2.10 展示了利用 NASA 的 CEA（Chemical Equilibrium Application）软件计算所得的不同条件下化学平衡时的燃烧产物主要组分。可以看出，当流量比例系数不变、当量比由 1.1 增大至 1.2 时，火焰中 H_2 与 CO 含量增多，为 SOFC 提供更多燃料，而电池温度变化不大。因此，SOFC 的极限电流密度由 1255 A/m² 增大至 1370 A/m²，如图 2.14（a）所示。从图 2.14（b）中可以看出，当当量比增大时，电池的欧姆阻抗保持在 0.1 Ω 附近，而活化阻抗降低，证明此时 FFC 电化学性能的提升主要由于有效燃料含量的提升。

表 2.10　不同操作条件下火焰组分的物质的量分数与电池温度

当量比 ϕ	流量比例系数	H_2 /%	CO /%	CO_2 /%	H_2O /%	N_2 /%	电池温度 /K
1.1	1.0	1.56	2.79	6.45	16.89	72.25	1043
1.1	1.5	1.33	2.73	7.36	18.76	69.57	1088
1.2	1.5	2.56	4.12	5.99	17.63	69.64	1079

当当量比维持在 1.1、而气体流量增大 1.5 倍时，燃烧产物中的有效燃料（H_2 和 CO）含量变化很少，此时电池电化学性能的提升主要归功于温度的提升。从图 2.14（b）中可以看出，当流量增大至初始工况的 1.5 倍时，电池的欧姆阻抗由 0.2 Ω 降低至 0.1 Ω。

随后保持当量比为 1.2,CH$_4$ 流量为 2.7 L/min(STP),在 0.45 V 的恒定电压下,对 SOFC 进行 8 h 恒压放电,如图 2.15 所示。可以看到,随着恒压放电的进行,电流逐渐增加,这是由于阳极中 NiO 被逐渐还原为 Ni,促进电池性能提升。当当量比为 1.2、电压为 0.45 V 时,火焰燃料电池的最大功率为 0.45 W。

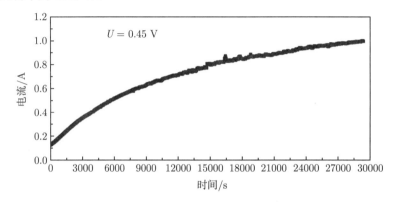

图 2.15　当量比为 1.2 工况下的 0.45 V 恒压放电曲线

1.2 节中指出,火焰燃料电池的发电效率 η 可认为由燃烧器的重整效率 η_{re}、SOFC 的燃料利用率 η_{fu} 和 SOFC 的发电效率 η_{el} 三个部分组成。由实验数据可计算得到 FFC 的发电效率 η,利用式 (1-6)、式 (1-11) 和式 (1-13) 可对本节实验中最大功率工况下 FFC 的各项效率进行分离计算,可得:$\eta_{re} = 16.7\%$,$\eta_{fu} = 0.39\%$,$\eta_{el} = 43.3\%$。可以看到,第一个限制 FFC 发电效率的因素是较低的燃料利用率,其原因主要是火焰尺寸与电池尺寸并不匹配;而另一限制因素则是燃烧器的重整效率较低。因此,进一步提升 FFC 的发电效率需从改善燃料利用率与燃烧器重整效率两方面入手。

燃料利用率涉及火焰与电池的匹配问题,需综合考虑富燃火焰与燃料电池的流动与传热特性,本书将在后续章节针对 FFC 电池单元和电堆的研究中进行进一步讨论。由式 (1-6) 可知,提高当量比可提高燃烧器的重整效率。然而,在实验中采用 Hencken 型平焰燃烧器产生富燃火焰时,富燃当量比的提升会造成火焰内出现炭烟,进一步导致电池表面和电池内部积炭。如图 2.16 所示,在实验结束后 SOFC 阳极断面的 SEM 图中可以看到,电池阳极区域有明显积炭,积炭造成阳极孔隙堵塞,进一步会阻碍燃料气体从阳极表面到三相界面的传递，造成电池性能的下降。在本章实验中，为了减少火焰中炭烟的生成，对氧化剂中 O_2 与 N_2 的比例进行调节。当当量比不变，即 CH_4 与 O_2 流量不变时，增大 N_2 流量会促进气体间的混合，从而减少炭烟生成；但当 N_2 流量过大时，火焰温度较低会造成火焰失稳，并最终使得火焰被吹熄。图 2.17 展示了在固定甲烷流量 $V_{CH_4} = 1.8 \ \text{L/min}$（STP）下火焰稳定的操作区间，可以看到，当当量比超过 1.3 时，增大 N_2 流量并不能使火焰中的炭烟消失，因此，为了保证火焰中无炭烟且火焰稳定，本章实验中的当量比均在 1.3 以下，限制了燃烧器重整效率的提升。

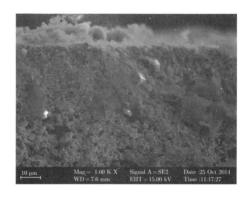

图 2.16　实验结束后 SOFC 阳极断面 SEM 图

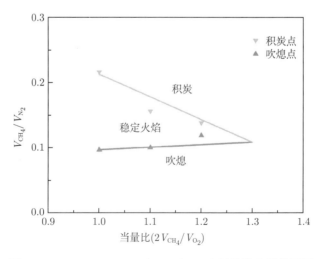

图 2.17　$V_{CH_4} = 1.8 \ \text{L/min}$（STP）时的稳定操作工况

2.5　本　章　小　结

本章基于 Comsol Multiphysics 软件，考虑 SOFC 内部的传热过程和热应力，建立了二维火焰燃料电池模型，对火焰燃料电池启动过程中的瞬时热应力分布和失效概率进行了分析。该模型可为火焰燃料电池热应力分析和电池选型提供理论依据，主要研究结论如下。

（1）相比于传统 SOFC 操作条件，在火焰操作条件下的快速升温会导致 SOFC 内部沿电池厚度方向出现较大的温度梯度，使其失效概率提高 2~6 个量级。

（2）在相同火焰启动条件下，使用 ESSOFC 比使用 ASSOFC 的失效概率高两个数量级，阳极支撑是更适用于火焰燃料电池的支撑体构型。

（3）在相同火焰升温速率条件下，微管式 SOFC 电池内部的最大拉应力和失效概率均小于平板式 SOFC，相比于平板式 SOFC，微管式 SOFC 的抗热震性更好，更适用于火焰燃料电池。

在模型研究基础上，设计搭建了基于 Hencken 型平焰燃烧器的火焰燃料电池实验测试系统，分别针对阳极支撑平板式 SOFC 与阳极支撑微管式 SOFC 开展实验研究，主要结论如下：

（1）在相同火焰操作条件下对 SOFC 进行直接点火启动后，平板式 SOFC 发生了电池碎裂现象，而微管式 SOFC 在实验后未发现微裂纹，微管式 SOFC 具有更好的抗热震性，有利于实现 FFC 的快速启动。

（2）实验中所用的 Hencken 型平焰燃烧器产生甲烷富燃平面火焰，为了保证火焰无炭烟且稳定，其当量比不得超过 1.3，重整效率最高不超过 20%，限制了 FFC 发电效率的提升。

第3章 催化增强多孔介质燃烧器
甲烷富燃特性研究

目前在国内外针对 FFC 的研究中，燃烧器存在的最大问题是燃料通过富燃燃烧转化为 H_2 与 CO 的重整效率较低，当甲烷为燃料时，燃烧器的重整效率最高不超过 30%，进一步限制了火焰燃料电池发电效率的提升。

为了提高燃烧器的重整效率，本章采用甲烷在多孔介质燃烧器内的富燃燃烧提高富燃极限，并提出催化增强的方法进一步促进甲烷到氢气的转化，针对甲烷在催化增强多孔介质燃烧器中的富燃特性展开实验研究。设计搭建了两段式多孔介质燃烧器，上游多孔介质作为预热层，下游多孔介质作为反应层，分别在无催化剂与下游多孔介质浸渍催化剂的条件下，在不同操作条件参数下，对燃烧器轴向方向不同位置的温度和出口气体组分进行测试，检测甲烷稳定富燃燃烧的当量比范围和燃烧器的重整效率。

3.1 实 验 介 绍

3.1.1 反应器和测试系统

图 3.1 为自行设计的反应器和测试系统示意图。实验系统包括供气系统、反应器系统和性能测试系统三部分。实验分两路供气，甲烷和空气通过减压阀、质量流量控制器与单向阀通入预混腔后混合，其流量由质量流量控制器（北京七星华创流量计有限公司，中国）控制，质量流量计的精度范围为 ±1%。随后，预混气体流经由 1~2 mm 石英砂填充的防回火腔后流入两段式多孔介质燃烧器。燃烧器主体是内径为 54 mm、长度为 200 mm 的 430 不锈钢管。反应器各腔室之间利用云母垫片实现高温密封，

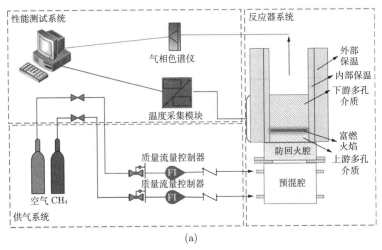

(a)

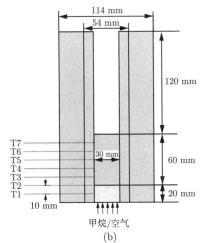

(b)

图 3.1　多孔介质燃烧器实验测试系统

（a）主要部件示意图；（b）燃烧器尺寸示意图

并用螺栓进行连接。不锈钢管内布置内径为 30 mm、外径为 54 mm 的硅酸铝保温管。保温管内放置两层多孔介质。由于气体在多孔介质内的燃烧过程中燃烧温度较高，且温度梯度较大，因此多孔介质燃烧器对多孔介质材料的要求很高。文献 [79] 和文献 [132] 中指出，在常用的多孔介质材料包括 Al_2O_3，SiC，ZrO_2 及合金中，Al_2O_3 是最适用于多孔介质燃烧中的材料；并且，同样的材料采用自由堆积方式相比于采用添加黏结剂做成的泡沫陶瓷热稳定性更好，因此，在本研究中采用自由堆积的 Al_2O_3 小球作为多孔介质。在甲烷在两段式多孔介质燃烧器中的贫燃特性研究中，研究者采用自由堆积的 Al_2O_3 球作为上下游多孔介质时，上游多孔介质层选取较小直径的 Al_2O_3 球（$2\sim3$ mm）作为预热层，下游多孔介质选取较大直径的 Al_2O_3 球（$5\sim13$ mm）作为反应层 [84,87]。因此，在本书针对甲烷富燃燃烧特性的研究中，首先选取上下游 Al_2O_3 小球的直径分别为 2.5 mm 与 5 mm，对甲烷在其中的富燃燃烧特性开展初步的实验研究，在后续章节中进一步结合理论研究，对燃烧器的设计参数进行了优化。上游的多孔介质高度为 20 mm，由直径为 2.5 mm 的 Al_2O_3 小球自由堆积而成；下游的多孔介质高度为 60 mm，由直径为 5 mm 的 Al_2O_3 小球堆积而成。实验中所用的 Al_2O_3 小球由上海恒耐陶瓷技术有限公司提供，其实物如图 3.2 所示。燃烧器外部包裹 30 mm 的硅酸铝纤维保温棉以进一步减少燃烧器对环境放热带来的热损失。

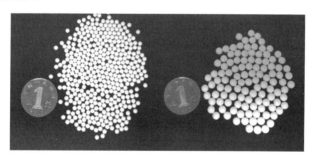

图 3.2　实验所用 2.5 mm Al_2O_3 球与 5 mmAl_2O_3 球实物图

　　7 根间隔 10 mm 的 S 型热电偶沿燃烧器上游至下游依次布置，编号分别为 T1，T2，T3，T4，T5，T6，T7，用于温度测量。热电偶由高温陶瓷胶固定在燃烧器器壁上。热电偶连接温度采集模块 DAM-3039（北京阿尔泰科技发展有限公司，中国），每隔 10 s 对温度进行采样并记录。燃烧器出口的气体组分由气体采样针采样后利用气相色谱仪（珀金埃尔默股份有限公司，美国）进行测量。气相色谱仪通过热导检测器（thermal conductivity detector, TCD）将具有不同热导率的气体分离开来，根据出峰次序的不同与峰面积的大小确定混合气体组分及其体积分数。实验前利用标准气体对气相色谱仪进行标定，实验测试中气相色谱各操作参数的设置见表 3.1。

表 3.1　气相色谱设置参数

参数	数值
载气（氩气）流量/（mL/min, STP）	40
柱箱温度/K	343
进样口温度/K	423
检测器温度/K	423

3.1.2　参数定义

本书涉及的多孔介质入口流速均为预混气体在燃烧器内的空截面流速，即

$$v_{\text{in}} = \frac{\dot{V}_{\text{in}}}{A} = \frac{4\dot{V}_{\text{in}}}{\pi D^2} = \frac{4(\dot{V}_{\text{CH}_4} + \dot{V}_{\text{air}})}{\pi D^2} \tag{3-1}$$

其中，$\dot{V}_{\text{in}}$ 为入口预混气体的总流量（m^3/s）；A 为燃烧器截面积（m^2）；D 为燃烧器截面直径（m）；$\dot{V}_{\text{CH}_4}$ 和 $\dot{V}_{\text{air}}$ 分别为甲烷和空气的体积流量。

1.2 节中给出了当量比 ϕ 的定义，本章可用甲烷与空气的体积流量对当量比进行计算：

$$\phi = \frac{(m_{\text{fu}}/m_{\text{air}})_{\text{act}}}{(m_{\text{fu}}/m_{\text{air}})_{\text{stoic}}} = 9.52 \times \frac{\dot{V}_{\text{CH}_4}}{\dot{V}_{\text{air}}} \tag{3-2}$$

1.2 节中给出了燃烧器重整效率的定义。与第 2 章不同的是，本章对燃烧器出口的组分进行了定量测量，因此，本章并不采用式 (1-6) 对重整效率进行估算，而是根据所测量的燃烧产物中各气体的组分含量，对 CH_4 到 H_2 与 CO 的重整效率 η_{re} 及 CH_4 到 H_2 的重整效率 $\eta_{\text{re},\text{H}_2}$ 进行计算：

$$\eta_{\text{re}} = \frac{y_{\text{H}_2} \times \text{LHV}_{\text{H}_2} + y_{\text{CO}} \times \text{LHV}_{\text{CO}}}{y_{\text{CH}_4,\text{in}} \times \text{LHV}_{\text{CH}_4}} \tag{3-3}$$

$$\eta_{\text{re},\text{H}_2} = \frac{y_{\text{H}_2} \times \text{LHV}_{\text{H}_2}}{y_{\text{CH}_4,\text{in}} \times \text{LHV}_{\text{CH}_4}} \tag{3-4}$$

其中，y_{H_2} 和 y_{CO} 分别为出口气体中 H_2 和 CO 的质量分数；$y_{\text{CH}_4,\text{in}}$ 为入口气体中 CH_4 的质量分数；LHV_{H_2}，LHV_{CO} 和 LHV_{CH_4} 分别为 H_2，CO 和 CH_4 的低位热值：$\text{LHV}_{\text{H}_2} = 120.1 \text{ MJ/kg}$，$\text{LHV}_{\text{CO}} = 10.1 \text{ MJ/kg}$，$\text{LHV}_{\text{CH}_4} = 50.2 \text{ MJ/kg}$。

3.1.3　误差分析

当量比的不确定度可由甲烷和空气体积流量的不确定度计算：

$$E_\phi = \frac{\sqrt{\left(\dfrac{\partial \phi}{\partial \dot{V}_{\mathrm{CH_4}}} \delta \dot{V}_{\mathrm{CH_4}}\right)^2 + \left(\dfrac{\partial \phi}{\partial \dot{V}_{\mathrm{air}}} \delta \dot{V}_{\mathrm{air}}\right)^2}}{\phi} \tag{3-5}$$

入口流速的不确定度由式 (3-6) 计算：

$$E_{v_{\mathrm{in}}} = \frac{\sqrt{\left(\dfrac{\partial v_{\mathrm{in}}}{\partial \dot{V}_{\mathrm{in}}} \delta \dot{V}_{\mathrm{in}}\right)^2 + \left(\dfrac{\partial v_{\mathrm{in}}}{\partial A} \delta A\right)^2}}{v_{\mathrm{in}}} \tag{3-6}$$

由于实验中所测温度较高，测温过程中需要考虑热电偶结点的热辐射作用，对测量温度进行修正，修正方程如式 (3-7)：

$$T_{\mathrm{g}} = T_{\mathrm{j}} + \Delta T = T_{\mathrm{j}} + \frac{\sigma \xi_{\mathrm{j}} (T_{\mathrm{j}}^4 - T_{\mathrm{w}}^4)}{h_{\mathrm{c}}} \tag{3-7}$$

其中，T_{g} 为修正后的温度；$\sigma = 5.67 \times 10^{-8}$ W/(m²·K⁴)，为斯蒂芬-玻尔兹曼常数（Stepan-Boltzmann constant）；ξ_{j} 为热电偶结点的发射率；T_{j} 为结点测量温度；T_{w} 为壁面温度；h_{c} 为燃烧器内气体与热电偶结点的对流换热系数，由下列关联式计算[133]：

$$h_{\mathrm{c}} = \frac{\lambda_{\mathrm{g}}}{d_{\mathrm{th}}} 1.22 \times (0.44 \pm 0.06) Re^{0.5} Pr^{0.31} \tag{3-8}$$

其中，λ_{g} 为气体热导率（W/（m·K））；d_{th} 为热电偶结点直径（m）；Re 为燃烧器内气体的雷诺数；Pr 为气体普朗特数。

由于对流换热系数和热电偶结点发射率估计的不确定性，辐射修正的不确定度由式 (3-9) 计算：

$$E_{\Delta T} = \frac{\sqrt{\left(\dfrac{\partial \Delta T}{\partial h_{\mathrm{c}}} \delta h_{\mathrm{c}}\right)^2 + \left(\dfrac{\partial \Delta T}{\partial \xi_{\mathrm{j}}} \delta \xi_{\mathrm{j}}\right)^2}}{\Delta T} \tag{3-9}$$

实际温度的不确定度由热电偶结点测量温度的不确定度和辐射修正的不确定度决定：

$$E_{T_{\mathrm{g}}} = \frac{\sqrt{(\delta T_{\mathrm{j}})^2 + (\delta \Delta T)^2}}{T_{\mathrm{g}}} \tag{3-10}$$

采用进样针法对气体组分测量的不确定度为 ±5%，但在实验测试过程中，由于 N_2 峰与 CO 峰重合度较大，且 CO 峰的峰面积相对较小，会对 CO 体积分数的测量带来较大的正偏差[134]，如图 3.3 所示。利用文献 [135] 中给出的关于组分误差与峰面积间的关系可以对此正偏差进行计算：

$$E_{CO^+} = \frac{\Delta A_{CO} - \Delta A_{N_2}}{A_{CO}} \tag{3-11}$$

其中，A_{CO} 为 CO 的峰面积，ΔA_{CO} 和 ΔA_{N_2} 分别为 CO 混入 N_2 峰中的峰面积和 N_2 混入 CO 峰中的峰面积。

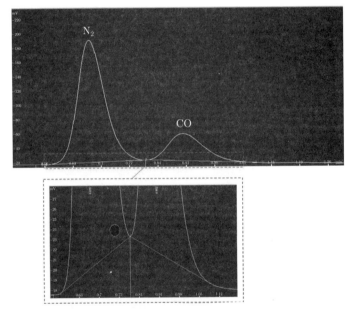

图 3.3　气相色谱所测 CO 与 N_2 峰

在本书的实验中，N_2 峰与 CO 峰的重叠会给 CO 体积分数的测量带来 13%的正偏差，极大影响了组分测量的准确性。为此，在计算出实验所测组分体积含量之后，对反应前后元素的质量守恒进行验证。在质量守恒验证中，已知量为 m_{in}，$x_{CH_4,in}$，$x_{O_2,in}$，$x_{N_2,in}$，$x_{CH_4,out}$，$x_{H_2,out}$，$x_{CO,out}$，$x_{CO_2,out}$，$x_{N_2,out}$。实验过程中无法直接获得水蒸气的体积含量，$x_{H_2O,out}$ 可由 H 元素质量守恒计算：

$$m_{in}y_{H,in} = m_{in}y_{H,out} \tag{3-12}$$

其中，$y_{H,in}$ 与 $y_{H,out}$ 分别为反应前后 H 的质量分数，可由下式计算：

$$y_{H,in} = \frac{4x_{CH_4,in}}{16x_{CH_4,in} + 32x_{O_2,in} + 28x_{N_2,in}} \quad (3\text{-}13)$$

$$y_{H,out} = \frac{4x_{CH_4,out} + 2x_{H_2,out} + 2x_{H_2O,out}}{16x_{CH_4,out} + 2x_{H_2,out} + 28x_{N_2,out} + 28x_{CO,out} + 44x_{CO_2,out} + 18x_{H_2O,out}}$$
$$(3\text{-}14)$$

计算得到 $x_{H_2O,out}$ 后，分别对 C 元素与 O 元素进行质量守恒验证：

$$\Delta m_C = m_{C,in} - m_{C,out} = m_{in}y_{C,in} - m_{in}y_{C,out} \quad (3\text{-}15)$$

$$\Delta m_O = m_{O,in} - m_{O,out} = m_{in}y_{O,in} - m_{in}y_{O,out} \quad (3\text{-}16)$$

其中，$y_{C,in}$，$y_{C,out}$ 与 $y_{O,in}$，$y_{O,out}$ 分别为反应前后 C，O 元素的质量分数：

$$y_{C,in} = \frac{12x_{CH_4,in}}{16x_{CH_4,in} + 32x_{O_2,in} + 28x_{N_2,in}} \quad (3\text{-}17)$$

$$y_{C,out} = \frac{12x_{CH_4,out} + 12x_{CO,out} + 12x_{CO_2,out}}{16x_{CH_4,out} + 2x_{H_2,out} + 28x_{N_2,out} + 28x_{CO,out} + 44x_{CO_2,out} + 18x_{H_2O,out}}$$
$$(3\text{-}18)$$

$$y_{O,in} = \frac{32x_{O_2,in}}{16x_{CH_4,in} + 32x_{O_2,in} + 28x_{N_2,in}} \quad (3\text{-}19)$$

$$y_{O,out} = \frac{16x_{H_2O,out} + 16x_{CO,out} + 32x_{CO_2,out}}{16x_{CH_4,out} + 2x_{H_2,out} + 28x_{N_2,out} + 28x_{CO,out} + 44x_{CO_2,out} + 18x_{H_2O,out}}$$
$$(3\text{-}20)$$

计算所得的流速为 0.15 m/s，不同当量比下的 Δm_C 与 Δm_O 值见表 3.2。从表中可以看出，由于 CO 测量误差较大，计算所得反应前后的 C 元素与 O 元素质量不守恒，利用 C 元素反应前后的误差可对测量所测 CO 的体积含量进行修正。此外，随着当量比增大，Δm_O 呈下降的趋势，可推断除了 CO 的测量误差外，未反应的部分 O_2 也是导致 O 元素质量不守恒的原因。

表 3.2　不同当量比下的 Δm_C 与 Δm_O 值

当量比	$\Delta m_C/(kg/s)$	$\Delta m_O/(kg/s)$
1.4	4.76×10^{-7}	2.10×10^{-6}
1.5	5.10×10^{-7}	1.44×10^{-6}
1.6	4.77×10^{-7}	1.06×10^{-6}
1.7	5.60×10^{-7}	1.03×10^{-6}

3.1.4　实验步骤

实验台安装完成后首先需要检查实验系统的气密性,确定气路中各接口位置均不漏气。检查热电偶及其数据采集系统、气相色谱仪及其数据采集系统、各气体流量计是否正常工作。完成实验系统气密性检查和实验仪器检查之后,方可进行实验。

实验初始,调整预混气体流量使当量比为 0.8、入口气体流速为 0.15 m/s,使用电火花点火器在燃烧器出口点火。点火后,首先在出口表面产生蓝色的表面火焰,随后火焰面向多孔介质内部移动,并对多孔介质进行预热,表面火焰转化为浸没火焰,气体燃烧产生的高温使多孔介质呈耀眼的亮黄色,如图 3.4 所示。当火焰面移动至上下游多孔介质界面处,即最高温达到 T2 处时,调整甲烷与空气流速至预定工况。一段时间后,热电偶温度读数在 20 min 内变化小于 10 K,整个系统达到热平衡。此时,利用气体采样针对燃烧器出口气体进行采样,注入气相色谱仪后进行测量。需要说明的是,本书实验中对组分进行测量时均采用多次测量后取平均的方法,以消除随机误差。

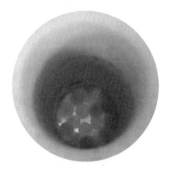

图 3.4　浸没火焰的燃烧状态 (前附彩图)

3.2　甲烷多孔介质富燃燃烧特性实验结果与分析

3.2.1　火焰稳定性

　　在火焰燃料电池中，火焰需要为电池提供稳定的热环境与组分场，因此，需要对甲烷在多孔介质燃烧器内的稳定富燃区间进行测试。多孔介质燃烧中常采用的火焰稳定方式为流速稳定法与贝克莱数（Pe）稳定法。流速稳定法通过调节入口气体流速与当量比使气体燃烧的火焰速度与当地气流速度相匹配，实现火焰稳定，通常只在特定的操作条件下才能实现。贝克莱数稳定法在 1.3.3 节第 1 点中已有详细介绍，设计燃烧器结构使上游小孔径区域 Pe 小于临界贝克莱数 Pe_c，使火焰无法传入小孔多孔介质；下游大孔径区域 Pe 大于 Pe_c，且火焰速度大于当地气体流速时，火焰可稳定于上下游交界面处。而当气体流速超过火焰速度时，火焰将向下游传播。在实验中，通过调节入口流速与当量比，对本章设计的两段式多孔介质燃烧器内甲烷稳定富燃区间进行测试，得到的火焰稳定工况点如图 3.5 所示，稳定富燃当量比达到 1.8，图中虚线范围内的黑点代表此燃烧器的稳定工况点。从图中可以看出，当富燃当量比增大时，由火焰放热减少导致火焰面温度降低，从而火焰速度降低，火焰稳定时气体流速降低。当气体流速一定时，富燃当量比减小导致火焰面温度升高，火焰速度增大，Pe 增大，

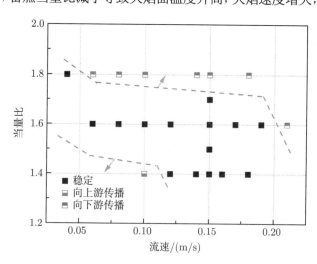

图 3.5　火焰稳定工况点

火焰面有向上游传播的趋势。当富燃当量比超过 1.8 时，当地气流速度大于火焰速度，火焰面向下游传播。

3.2.2　气体流速对燃烧组分与温度的影响规律

图 3.6 展示了当当量比为 1.6 时，不同流速下燃烧器内的温度分布。从图中可看出，气体流速由 0.12 m/s 增大至 0.21 m/s 时，火焰面稍向下游移动。这是由于在流速增大的瞬间，气体流速超过了当地的火焰速度，火焰面稍向下游移动。但由于燃料流速增加，入口燃料的总化学能增加，单位体积放热增加，火焰温度和火焰速度增加，当火焰速度与气流速度相等时，火焰在稍下游区域稳定。由于单位体积放热增加，燃烧器内最高温度和出口温度均有所上升。

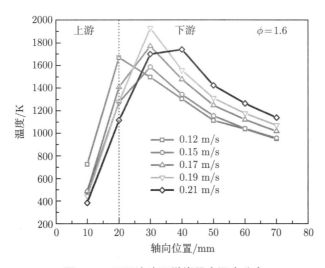

图 3.6　不同流速下燃烧器内温度分布

当当量比为 1.6 时，不同流速下出口主要组分的物质的量分数和燃烧器的重整效率如图 3.7 所示。当入口气体流速由 0.12 m/s 增大到 0.15 m/s 时，H_2 与 CO 的物质的量分数和 CH_4 的重整效率增加。当当量比不变时，流速对重整效率的影响体现在两个方面。一方面，流速的增加使温度增加，从而促进 CH_4 转化，使重整效率提高；另一方面，流速的增加会导致停留时间变短，造成重整效率下降。当气体流速小于 0.15 m/s 时，流速增加对温度的影响超过其对停留时间的影响，从而促进反应进行。因此，当流速由 0.12 m/s 增加至 0.15 m/s 时，燃烧器重整效率由 38.3%增加至 40.2%。然而，当流速继续增大时，由于停留时间的减少，继续增加流速时甲烷重整效率变化不大。

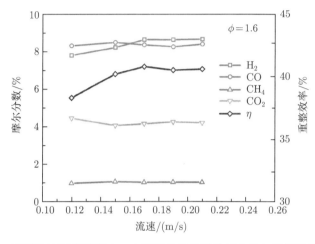

图 3.7　不同流速下燃烧器出口主要组分的物质的量分数与燃烧器重整效率

3.2.3　当量比对燃烧组分与温度的影响规律

当入口气体流速保持在 0.15 m/s 时，不同当量比下燃烧器内的温度分布如图 3.8 所示。从图中可看出，当当量比由 1.4 增大至 1.6 时，最高温度位于 T2（20 mm）和 T3（30 mm）之间，即火焰稳定于上下游多孔介质界面处。而当当量比继续增大至 1.7 时，在当量比加大的瞬间，火焰温度降低使得火焰速度降低，火焰速度小于局部气体流速，故火焰面向下移动。火焰面在向下游移动的过程中吸收了多孔介质内储存的热量，同时预热段长度增加，从而使火焰温度升高，当火焰速度增大至与局部气体流速相等时，火焰面稳定至 $x = 40$ mm 处，此时火焰速度与当地流速平衡，即流速稳定机制。当富燃当量比进一步增大时，火焰面一直向下游传播直至传出燃烧器。

图 3.9 为不同当量比下燃烧器出口主要组分的物质的量分数与重整效率图，当当量比从 1.4 增大至 1.7 时，由于预混气体中 CH_4 增多、O_2 减少，H_2 和 CO 的含量增加，燃烧器重整效率由 34.0%增大至 42.6%。因此，在一定范围内，尽可能提高富燃火焰稳定的临界当量比，可以提高甲烷转化为

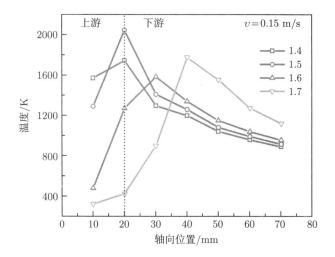

图 3.8　不同当量比下燃烧器内温度分布

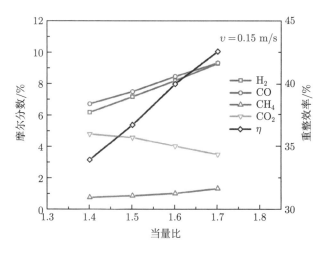

图 3.9　不同当量比下燃烧器出口主要组分的物质的量分数与燃烧器重整效率

合成气的重整效率。

　　然而，在图 3.9 中同时可以看到，当量比由 1.4 增大到 1.7 时，出口组分中 CH_4 的物质的量分数由 0.8% 增大到 1.3%。需要说明的是，图中所示燃烧器的重整效率为产物中 H_2 和 CO 化学能与入口 CH_4 化学能之比，利用式 (3-3) 计算；而另一个表征甲烷转化程度的指标是甲烷的转化率 η_{conv}，

定义为已发生反应的 CH_4 量与入口 CH_4 量的比值:

$$\eta_{conv} = \frac{\dot{m}_{CH_4,in} - \dot{m}_{CH_4,out}}{\dot{m}_{CH_4,in}} = \frac{Y_{CH_4,in} - Y_{CH_4,out}}{Y_{CH_4,in}} \tag{3-21}$$

表 3.3 给出了不同当量比下 CH_4 转化率 η_{conv} 的计算结果,从表中可以看出,随着当量比增大,入口与出口 CH_4 的质量分数均逐渐增大,甲烷的转化率 η_{conv} 由 93.7% 降低至 90.6%,这是由于富燃当量比的增大使燃烧温度降低,从而反应速率下降,限制了 CH_4 的转化。但由于产物中 H_2 与 CO 含量的增多,虽然 CH_4 转化率略有下降,但燃烧器的重整效率上升。需要指出的是,由于本书主要关注 CH_4 到 H_2 和 CO 的转化,在后续的研究中均只给出了燃烧器重整效率的计算结果。

表 3.3　不同当量比下 CH_4 的转化率

当量比	$Y_{CH_4,in}$/%	$Y_{CH_4,out}$/%	η_{conv}/%
1.4	7.54	0.47	93.7
1.5	8.04	0.55	93.1
1.6	8.53	0.65	92.4
1.7	9.01	0.85	90.6

3.2.4　催化剂对燃烧组分与温度的影响规律

从 3.2.3 节的讨论中可看到,当当量比增大时,产物组分中未反应的 CH_4 含量增多。此外,燃烧产物中 CO 含量高于 H_2 含量。而 CH_4 与 CO 的存在会导致燃料电池阳极发生积炭,从而降低电池性能。由于燃烧产物中含有大量水蒸气,因此可以利用甲烷蒸汽重整反应和水气变换反应将产物中的 CH_4 与 CO 转化为 H_2。Ni 是一种常用于重整反应与水气变换反应的催化剂,且相较于贵金属催化剂,其成本较低、经济性好[136]。为了进一步提高燃烧产物中的 H_2 含量,本节在前两节研究的基础上,在下游 Al_2O_3 球部分担载 Ni 催化剂,如图 3.10 所示,在相同富燃工况下测试甲烷富燃燃烧的稳定性、产物组分与温度分布,并与无催化条件下的实验结果对比。

本书采用最常规的浸渍法在燃烧器下游部分 Al_2O_3 小球添加 Ni 催化剂。利用 $Ni_2(NO_3)_2 \cdot 25H_2O$ 溶液对 Al_2O_3 球进行湿法浸渍,随后在 400 K 下烘干 3 h,在 O_2 氛围下 1073 K 煅烧 3 h,最后在 723 K 下用 H_2 还原

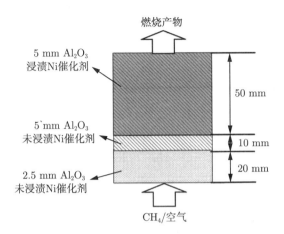

图 3.10　催化增强多孔介质燃烧器示意图

17 h，以获得金属 Ni。需要说明的是，在本研究中，为保证 Al_2O_3 球的耐温性，所用 Al_2O_3 球为致密球而非多孔球，故 Ni 催化剂的担载量较小，约为 0.08 wt%。

　　本节实验步骤与未添加催化剂情形下一致，在当量比为 0.8、入口气体流速为 0.15 m/s 的工况下点火，随后火焰面由燃烧器出口向上游传播。当 T1 的温度达到 873 K 时调节火焰工况至当量比为 1.6、入口气体流速为 0.15 m/s，火焰面仍稳定在上下游界面处，火焰稳定时的温度分布与无催化情形下差异不大。火焰稳定后对燃烧器出口的气体组分进行测试，测试结果如图 3.11 所示。

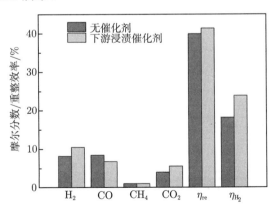

图 3.11　燃烧器下游浸渍 Ni 催化剂对燃烧组分的影响（前附彩图）

从图 3.11 中可以看出，在燃烧器下游部分 Al_2O_3 球上担载 Ni 催化剂之后，出口组分中 H_2 与 CO_2 的含量均有所上升，CO 含量有所下降，CH_4 含量略有下降。由于未添加催化剂时 CH_4 含量相比于其他组分含量较少，不足 1%，且由于催化剂的担载量较小，下游催化剂的添加对甲烷蒸汽重整反应的促进较小。而由于 H_2 与 CO_2 含量明显上升，CO 含量明显下降，可以推测，下游 Ni 催化剂促进了重整区水气变换反应的进行。此外，相比于无催化剂的情形，CH_4 转化为 H_2 与 CO 的重整效率 η_{re} 由 40.0% 提升至 41.4%，变化不大，但 CH_4 到 H_2 的重整效率 η_{re,H_2} 由 18.2% 增大至 23.9%，提升了 31.3%（相对值），提升效果显著。Ni 催化剂的添加使产物中 H_2 与 CO 的含量之比由 0.9 上升至 1.6，而 H_2 与 CO 含量比值的增大可进一步降低 SOFC 积炭的可能性[95]。

3.3　本章小结

本章设计搭建了两段式多孔介质燃烧器及其实验测试系统，介绍了实验系统的组成和工作原理，并对实验过程中涉及的参数定义和实验结果的误差分析方法进行了阐述。在实验中，分别采用直径大小不同的两种氧化铝球自由堆积作为上下游多孔介质组成两段式多孔介质燃烧器，对甲烷在其中的富燃燃烧特性进行了研究。测试了此种燃烧器构型下甲烷富燃燃烧的稳定工作区间，在火焰稳定区间内，分别研究了入口气体流速和当量比对温度分布和燃烧气体组分的影响。具体结论如下：

（1）当当量比一定时，入口流速增加，火焰稳定后温度分布变化不大，最高温度升高，当流速从 0.12 m/s 增加至 0.15 m/s 时，燃烧器重整效率由 38.3% 增大至 40.2%，但由于停留时间的减少，继续增加流速，重整效率变化不大。

（2）当流速一定时，当量比增加，火焰面稍向下游移动，但在一定范围内仍能保持稳定，当量比由 1.4 增大至 1.7 时，燃烧器重整效率由 34.0% 增大至 42.6%。

（3）Ni 催化剂的引入有效促进了多孔介质内甲烷的富燃重整，当流速为 0.15 m/s、当量比为 1.6 时，将 CH_4 到 H_2 的重整效率提升 31.3%（相对值）。

第4章 催化增强多孔介质燃烧器甲烷富燃燃烧模型分析与性能优化

　　甲烷在多孔介质燃烧器内的富燃燃烧涉及多孔介质内部的流动、传热、传质等多个物理过程,同时催化剂 Ni 的引入使燃烧器内部既存在气相的均相化学反应,也存在催化剂表面的非均相化学反应。利用实验手段难以完全测量记录实验中各参数的分布情况,对反应器内部的物理过程和反应机理解释的深度有限。因此,有必要建立甲烷在催化增强多孔介质燃烧器中的机理模型,对反应器内复杂的反应与传递过程进行深入分析。

　　本章综合考虑了反应器内的均相与非均相化学反应,多孔介质内部的流动、传热和传质过程,开发了一维多物理场耦合的基元反应机理模型,并利用第 3 章的实验数据对模型进行了验证。利用此模型分析了反应器内均相化学反应与非均相化学反应的竞争耦合作用机制,并通过研究燃烧器散热、Al_2O_3 球直径、上下游多孔介质层长度和催化剂担载量对温度和组分的影响,对燃烧器结构优化提出了指导。在模型研究的基础上,通过改变燃烧器下游 Al_2O_3 球直径,在实验中对燃烧器进行优化,并进一步研究了甲烷在优化后燃烧器中的富燃特性。

4.1 模型建立

4.1.1 模型计算域与假设

　　本章模型研究为了简化网格,忽略了实验中堆积床的三维结构,采用体积平均的方法将多孔介质当作宏观上的连续介质,建立体积平均方程。在计算时,忽略反应器径向的非均匀性,对 80 mm 长的反应器使用二维网格建立一维数值模型, 如图 4.1 所示, 求解域沿轴向划分为 160 个均匀网格, 以保证计算准确度。

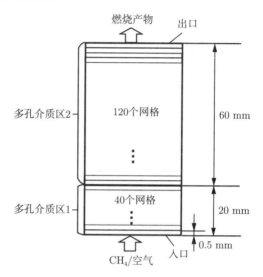

图 4.1　模型计算区域和网格划分示意图

在此基础上, 模型中进行了如下假设:

(1) 所有气体均假设为不可压缩理想气体;

(2) 多孔介质为均一、各向同性的惰性介质, 不考虑多孔介质本身对化学反应的催化作用;

(3) 忽略气相热辐射;

(4) 多孔介质为光学厚介质, 固相的热辐射采用 Rosseland 假设折算为固体的有效导热进行计算;

(5) 气体在多孔介质内的流动为层流流动。

4.1.2　控制方程

在上述假设的基础上, 得到如下体积平均方法的控制方程:

连续性方程:

$$\frac{\partial\left(\varepsilon\rho_{\mathrm{g}}\right)}{\partial t}+\frac{\partial\left(\varepsilon\rho_{\mathrm{g}}u\right)}{\partial x}=a_V\sum_{i=1}^{N_{\mathrm{g}}}\dot{s}_iW_i \tag{4-1}$$

动量方程：

$$\frac{\partial \left(\varepsilon \rho_{\mathrm{g}} u\right)}{\partial t} + \frac{\partial \left(\varepsilon \rho_{\mathrm{g}} uu\right)}{\partial x} = -\varepsilon \frac{\partial P}{\partial x} + \frac{\partial \left(\varepsilon \tau\right)}{\partial x} + F \tag{4-2}$$

气体能量方程：

$$\varepsilon \frac{\partial \left(c_{\mathrm{g}} \rho_{\mathrm{g}} T_{\mathrm{g}}\right)}{\partial t} + \varepsilon \frac{\partial \left(c_{\mathrm{g}} \rho_{\mathrm{g}} T_{\mathrm{g}} u\right)}{\partial x}$$
$$= \varepsilon \frac{\partial}{\partial x}\left(\lambda_{\mathrm{g}} \frac{\partial T_{\mathrm{g}}}{\partial x}\right) + \varepsilon \sum_{i=1}^{N_{\mathrm{r,g}}} \omega_i h_i W_i + a_V \sum_{i=1}^{N_{\mathrm{r,s}}} s_i h_i W_i - h_V \left(T_{\mathrm{g}} - T_{\mathrm{s}}\right) \tag{4-3}$$

固体能量方程：

$$(1-\varepsilon)\frac{\partial \left(c_{\mathrm{s}} \rho_{\mathrm{s}} T_{\mathrm{s}}\right)}{\partial t} = \frac{\partial}{\partial x}\left(\lambda_{\mathrm{eff-s}} \frac{\partial T_{\mathrm{s}}}{\partial x}\right) + h_V \left(T_{\mathrm{g}} - T_{\mathrm{s}}\right) - \beta \left(T_{\mathrm{s}} - T_0\right) \tag{4-4}$$

组分输运方程：

$$\varepsilon \frac{\partial \left(\rho_{\mathrm{g}} Y_i\right)}{\partial t} + \varepsilon \frac{\partial \left(\rho_{\mathrm{g}} Y_i u\right)}{\partial x} = \varepsilon \frac{\partial \left(\rho_{\mathrm{g}} Y_i V_i\right)}{\partial x} + W_i \left(\varepsilon \omega_i + a_V s_i\right) \tag{4-5}$$

理想气体状态方程：

$$p = \rho_{\mathrm{g}} R T_{\mathrm{g}} \tag{4-6}$$

上述各式中，ρ_{g} 为混合气体密度（kg/m^3）；c_{g} 为气体混合物的热容（J/(kg·K)）；λ_{g} 为气体混合物的导热系数（W/(m·K)）；c_{s} 为 Al_2O_3 的热容，计算中取值为 920 J/(kg·K)；ρ_{s} 为 Al_2O_3 的密度，计算中取值为 3707 kg/m^3 [137]；a_V 为催化剂活性表面积与体积之比（m^{-1}）；N_{g} 为气相组分的数量；$\dot{s}_i$ 为单位面积组分 i 经由催化反应生成的摩尔速率（mol/(s·m^2)）；W_i 是组分 i 的摩尔质量（kg/mol）；V_i 为组分 i 的扩散速率（m/s）[83]；$\sum_{i=1}^{N_{\mathrm{r,g}}} \omega_i h_i W_i$ 为气相化学反应的放热量（W/m^3）；$a_V \sum_{i=1}^{N_{\mathrm{r,s}}} s_i h_i W_i$ 为表面化学反应的放热量（W/m^3）。

ε 为自由堆积 Al_2O_3 小球的孔隙率，可由式 (4-7) 计算得到[76]：

$$\varepsilon = 0.375 + 0.34 \frac{d}{D} \tag{4-7}$$

其中，d 为小球直径（m）；D 为反应器直径（m）。

τ 为黏性应力 [93]，其表达式为

$$\tau = \mu_{\mathrm{g}}\frac{\partial u}{\partial x} \tag{4-8}$$

F 为根据 Ergun 公式得到的压力损失源项，其表达式为

$$F = -\left[\frac{150\left(1-\varepsilon\right)^2\mu_{\mathrm{g}}}{d^2\varepsilon^2} + \frac{1.75\rho_{\mathrm{g}}\left(1-\varepsilon\right)|u|}{d\varepsilon}\right]u \tag{4-9}$$

其中，μ_{g} 为气体的动力学黏度系数。

h_V 为气固间的体积对流换热系数，由式 (4-10) 计算 [138]：

$$h_V = \frac{6\varepsilon N u \lambda_{\mathrm{g}}}{d^2} \tag{4-10}$$

其中，Nu 为努塞尔数，由式 (4-11) 计算 [139]：

$$Nu = 2 + 1.1Pr^{1/3}Re^{0.6} \tag{4-11}$$

其中，Pr 为普朗特数；Re 为雷诺数。

$\lambda_{\mathrm{eff\text{-}s}}$ 为多孔介质的有效导热系数：

$$\lambda_{\mathrm{eff\text{-}s}} = (1-\varepsilon)\lambda_{\mathrm{s}} + \lambda_{\mathrm{rad}} \tag{4-12}$$

其中，λ_{rad} 为通过 Rosseland 假设得到的堆积 Al_2O_3 球的有效辐射导热系数 [74]：

$$\lambda_{\mathrm{rad}} = \frac{16\sigma T_{\mathrm{s}}^3}{3\beta} \tag{4-13}$$

其中，σ 为 Stefan-Boltzmann 常数，β 为辐射消光系数：

$$\beta = \frac{3(1-\varepsilon)}{2\varepsilon d} \tag{4-14}$$

燃烧器对外界的散热作用由固相方程中加入的热源项 $\gamma(T_{\mathrm{s}} - T_0)$ 来描述 [74]，其中散热系数 γ（W/（m³·K））通过考虑壁面保温层热传导和壁面处空气的自然对流作用进行估算。

4.1.3　边界条件

模型中所采用的边界条件如下：

入口处（气相）

$$u = u_{\mathrm{in}}, \quad Y_i = Y_{i,\mathrm{in}}, \quad T_{\mathrm{g}} = 300 \text{ K} \tag{4-15}$$

入口处（固相）

$$\lambda_{s,eff} \frac{\partial T_s}{\partial x} = -\xi \sigma (T_{s,in}^4 - T_0^4) \tag{4-16}$$

出口处（气相）

$$\frac{\partial u}{\partial x} = \frac{\partial Y_i}{\partial x} = \frac{\partial T_g}{\partial x} = 0 \tag{4-17}$$

出口处（固相）

$$\lambda_{s,eff} \frac{\partial T_s}{\partial x} = -\xi \sigma (T_{s,out}^4 - T_0^4) \tag{4-18}$$

其中，ξ 为发射率。

4.1.4 反应机理

甲烷在催化增强的多孔介质燃烧器中的富燃燃烧反应机理涉及气相甲烷部分氧化机理与 Ni 催化剂表面的非均相化学反应机理。甲烷的气相氧化机理非常复杂，目前多孔介质燃烧中广泛使用的机理包括一步总包反应机理[140]、N. Peters 简化机理[141]、GRI1.2 机理、GRI2.11 机理与 GRI3.0 机理等。由于甲烷的富燃燃烧与化学反应动力学关系密切，必须考虑详细的反应机理。但随着反应机理详细度的递增，模型的刚度与计算难度也递增。中国科学技术大学的赵平辉[142] 对比了几种详细机理在甲烷多孔介质贫燃燃烧中的模拟结果，指出 N. Peters 机理与 GRI 机理在温度场模拟中结果类似。本节首先对比了 N. Peters 机理（17 个组分，58 个反应）、GRI1.2 机理（32 个组分，177 个反应）与不包含 NO$_x$ 生成反应的 GRI3.0 机理（36 个组分，219 个反应）在模拟甲烷在多孔介质内富燃燃烧中的结果。图 4.2 为在流速为 0.15 m/s、当量比 1.6 的工况下，采用不同反应机理计算得到的多孔介质燃烧器中气相与固相的温度分布，可看到几种机理对于温度的预测结果非常一致。图 4.3 展示了在不同当量比下，采用不同反应机理计算得到的燃烧器出口 CO 与 H$_2$ 的物质的量分数，可以看到在主要产物组分的预测上，几种机理间最大相对偏差仅有 5%。由于在本书后续的研究中还需考虑催化剂表面的非均相化学反应，因此，在保证计算精度的前提下选择了组分与反应步骤最少的 N. Peters 机理来描述甲烷的气相部分氧化过程。

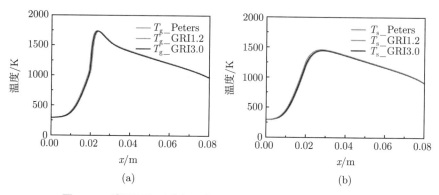

图 4.2 采用不同反应机理模型计算的温度分布（前附彩图）

（a）气相分布；（b）固相分布

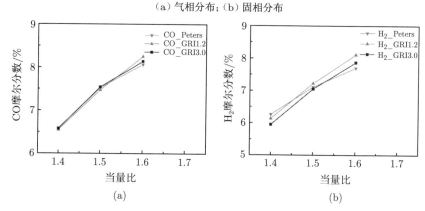

图 4.3 采用不同反应机理模型计算的组分含量

（a）CO 物质的量分数；（b）H_2 物质的量分数

除了气相的甲烷部分氧化反应外，Ni 催化剂的引入使反应器内存在催化剂表面的非均相化学反应。德国卡尔斯鲁厄理工大学的 Deutschmann 研究团队针对甲烷在 Ni 表面的非均相化学反应机理开展了大量研究，并在 493~1973 K 的温度范围内利用实验数据对该基元反应机理进行了验证[12,143-144]。为此，本章在气相甲烷部分氧化反应机理与 Ni 催化表面非均相化学反应机理的基础上，开发了耦合均相-非均相化学反应机理来描述甲烷在催化增强多孔介质中的部分氧化反应，见表 4.1。反应机理包含 17 种气体基元、14 种表面基元，58 个均相基元反应和 52 个非均相基元反应，均相/非均相反应通过气相组分在催化剂表面的吸附与解吸附反应进行耦合[145]。

表 4.1　甲烷在催化增强多孔介质燃烧器内部分氧化反应均相-非均相化学反应机理

反应编号	反应	A^a/（kmol, m, s）	β	E_a/（J/kmol）
均相反应				
1	$CH_3 + H + M = CH_4 + M$	8.00×10^{20}	-3	0
2	$CH_4 + O_2 = CH_3 + HO_2$	7.90×10^{10}	0	2.34×10^8
3	$CH_4 + H = CH_3 + H_2$	22	3	3.66×10^7
4	$CH_4 + O = CH_3 + OH$	1.60×10^3	2.36	3.10×10^7
5	$CH_4 + OH = CH_3 + H_2O$	1.60×10^3	2.10	1.03×10^7
6	$CH_3 + O = CH_2O + H$	6.80×10^{10}	0	0
7	$CH_3 + OH = CH_2O + H_2$	1.00×10^9	0	0
8	$CH_3 + OH = CH_2 + H_2O$	1.50×10^{10}	0	2.09×10^7
9	$CH_3 + H = CH_2 + H_2$	9.00×10^{10}	0	6.32×10^7
10	$CH_2 + H = CH + H_2$	1.40×10^{16}	-2	0
11	$CH_2 + OH = CH_2O + H$	2.50×10^{10}	0	0
12	$CH_2 + OH = CH + H_2O$	4.50×10^{10}	0	1.26×10^7
13	$CH + O_2 = HCO + O$	3.30×10^{10}	0	0
14	$CH + O = CO + H$	5.70×10^{10}	0	0
15	$CH + OH = HCO + H$	3.00×10^{10}	0	0
16	$CH + CO_2 = HCO + CO$	3.40×10^9	0	2.89×10^6
17	$CH_2 + CO_2 = CH_2O + CO$	1.10×10^8	0	4.18×10^6
18	$CH_2 + O = CO + H + H$	3.00×10^{10}	0	0
19	$CH_2 + O = CO + H_2$	5.00×10^{10}	0	0
20	$CH_2 + O_2 = CO_2 + H + H$	1.60×10^9	0	4.18×10^6
21	$CH_2 + O_2 = CH_2O + O$	5.00×10^{10}	0	3.77×10^7
22	$CH_2 + O_2 = CO_2 + H_2$	6.90×10^8	0	2.09×10^6
23	$CH_2 + O_2 = CO + H_2O$	1.90×10^7	0	-4.18×10^6
24	$CH_2 + O_2 = CO + OH + H$	8.60×10^7	0	-2.09×10^6
25	$CH_2 + O_2 = HCO + OH$	4.30×10^7	0	-2.09×10^6
26	$CH_2O + OH = HCO + H_2O$	3.43×10^6	1.18	-1.87×10^6
27	$CH_2O + H = HCO + H_2$	2.19×10^5	1.77	1.26×10^7
28	$CH_2O + M = HCO + H + M$	3.31×10^{13}	0	3.39×10^8
29	$CH_2O + O = HCO + OH$	1.81×10^{10}	0	1.29×10^7
30	$HCO + OH = CO + H_2O$	5.00×10^9	0	0
31	$HCO + M = H + CO + M$	1.60×10^{11}	0	6.15×10^7

反应编号	反应	$A^a/$（kmol，m，s）	β	$E_a/$（J/kmol）
均相反应				
32	$HCO + H \!\!=\!\! CO + H_2$	4.00×10^{10}	0	0
33	$HCO + O \!\!=\!\! CO_2 + H$	1.00×10^{10}	0	0
34	$HCO + O_2 \!\!=\!\! HO_2 + CO$	3.30×10^{10}	-0.40	0
35	$CO + O + M \!\!=\!\! CO_2 + M$	3.20×10^{7}	0	-1.76×10^{7}
36	$CO + OH \!\!=\!\! CO_2 + H$	1.51×10^{4}	1.30	-3.17×10^{6}
37	$CO + O_2 \!\!=\!\! CO_2 + O$	1.60×10^{10}	0	1.72×10^{8}
38	$HO_2 + CO \!\!=\!\! CO_2 + OH$	5.80×10^{10}	0	9.60×10^{7}
39	$H_2 + O_2 \!\!=\!\! 2OH$	1.70×10^{10}	0	2.00×10^{8}
40	$OH + H_2 \!\!=\!\! H_2O + H$	1.17×10^{6}	1.30	1.52×10^{7}
41	$H + O_2 \!\!=\!\! OH + O$	5.13×10^{13}	-0.82	6.91×10^{7}
42	$O + H_2 \!\!=\!\! OH + H$	1.80×10^{7}	1	3.69×10^{7}
43	$H + O_2 + M \!\!=\!\! HO_2 + M$	3.61×10^{11}	-0.72	0
44	$OH + HO_2 \!\!=\!\! H_2O + O_2$	7.50×10^{9}	0	0
45	$H + HO_2 \!\!=\!\! 2OH$	1.40×10^{11}	0	4.49×10^{6}
46	$O + HO_2 \!\!=\!\! O_2 + OH$	1.40×10^{10}	0	4.49×10^{6}
47	$2OH \!\!=\!\! O + H_2O$	6.00×10^{5}	1.30	0
48	$H + H + M \!\!=\!\! H_2 + M$	1.00×10^{12}	-1	0
49	$H + H + H_2 \!\!=\!\! H_2 + H_2$	9.20×10^{10}	-0.60	0
50	$H + H + H_2O \!\!=\!\! H_2 + H_2O$	6.00×10^{13}	-1.25	0
51	$H + H + CO_2 \!\!=\!\! H_2 + CO_2$	5.49×10^{14}	-2	0
52	$H + OH + M \!\!=\!\! H_2O + M$	1.60×10^{16}	-2	0
53	$H + O + M \!\!=\!\! OH + M$	6.20×10^{10}	-0.6	0
54	$H + HO_2 \!\!=\!\! H_2 + O_2$	1.25×10^{10}	0	0
55	$HO_2 + HO_2 \!\!=\!\! H_2O_2 + O_2$	2.00×10^{9}	0	0
56	$H_2O_2 + M \!\!=\!\! OH + OH + M$	1.30×10^{14}	0	1.90×10^{8}
57	$H_2O_2 + H \!\!=\!\! HO_2 + H_2$	1.60×10^{9}	0	1.59×10^{7}
58	$H_2O_2 + OH \!\!=\!\! H_2O + HO_2$	1.00×10^{10}	0	7.53×10^{6}
非均相反应				
59	$H_2 + Ni(s) + Ni(s) \!\!=\!\! H(s) + H(s)$	3.00×10^{-2b}	0	5.00×10^{6}
60	$H(s) + H(s) \!\!=\!\! H_2 + Ni(s) + Ni(s)$	2.54×10^{19}	0	9.52×10^{7}
61	$O_2 + Ni(s) + Ni(s) \!\!=\!\! O(s) + O(s)$	4.36×10^{-2b}	-0.21	1.51×10^{6}

续表

反应编号	反应	$A^a/$ (kmol, m, s)	β	$E_a/$（J/kmol）
非均相反应				
62	$O(s)+O(s)\Longrightarrow O_2+Ni(s)+Ni(s)$	1.19×10^{20}	0.82	4.69×10^8
63	$CH_4+Ni(s)\Longrightarrow CH_4(s)$	8.00×10^{-3b}	0	0
64	$CH_4(s)\Longrightarrow CH_4+Ni(s)$	8.70×10^{15}	0	3.76×10^7
65	$H_2O+Ni(s)\Longrightarrow H_2O(s)$	0.10^b	0	0
66	$H_2O(s)\Longrightarrow H_2O+Ni(s)$	3.73×10^{12}	0	6.08×10^7
67	$CO_2+Ni(s)\Longrightarrow CO_2(s)$	7.00×10^{-6b}	0	0
68	$CO_2(s)\Longrightarrow CO_2+Ni(s)$	6.44×10^7	0	2.60×10^7
69	$CO+Ni(s)\Longrightarrow CO(s)$	0.50^b	0	0
70	$CO(s)\Longrightarrow CO+Ni(s)$	3.57×10^{11}	0	1.11×10^8
		$\theta_{CO(s)}$		-5.00×10^7
71	$O(s)+H(s)\Longrightarrow OH(s)+Ni(s)$	3.95×10^{22}	-0.19	1.04×10^8
72	$OH(s)+Ni(s)\Longrightarrow O(s)+H(s)$	2.25×10^{19}	0.19	2.96×10^7
73	$OH(s)+H(s)\Longrightarrow H_2O(s)+Ni(s)$	1.85×10^{19}	0.09	4.15×10^7
74	$H_2O(s)+Ni(s)\Longrightarrow OH(s)+H(s)$	3.67×10^{20}	-0.09	9.29×10^7
75	$OH(s)+OH(s)\Longrightarrow H_2O(s)+O(s)$	2.35×10^{19}	0.27	9.24×10^7
76	$H_2O(s)+O(s)\Longrightarrow OH(s)+OH(s)$	8.15×10^{23}	-0.27	2.18×10^8
77	$O(s)+C(s)\Longrightarrow CO(s)+Ni(s)$	3.40×10^{22}	0	1.48×10^8
78	$CO(s)+Ni(s)\Longrightarrow O(s)+C(s)$	1.76×10^{12}	0	1.16×10^8
79	$O(s)+CO(s)\Longrightarrow CO_2(s)+Ni(s)$	2.00×10^{18}	0	1.24×10^8
80	$CO_2(s)+Ni(s)\Longrightarrow O(s)+CO(s)$	4.64×10^{22}	-1	8.93×10^7
		$\theta_{CO(s)}$		-5.00×10^7
81	$HCO(s)+Ni(s)\Longrightarrow CO(s)+H(s)$	3.71×10^{20}	0	3.00×10^3
82	$CO(s)+H(s)\Longrightarrow HCO(s)+Ni(s)$	4.01×10^{19}	-1	1.32×10^8
		$\theta_{CO(s)}$		-5.00×10^7
83	$HCO(s)+Ni(s)\Longrightarrow O(s)+CH(s)$	3.80×10^{13}	0	8.19×10^7
		$\theta_{CO(s)}$		5.00×10^7
84	$O(s)+CH(s)\Longrightarrow HCO(s)+Ni(s)$	4.60×10^{19}	0	1.10×10^8
85	$CH_4(s)+Ni(s)\Longrightarrow CH_3(s)+H(s)$	1.55×10^{20}	0.09	5.58×10^7
86	$CH_3(s)+H(s)\Longrightarrow CH_4(s)+Ni(s)$	1.44×10^{21}	-0.09	6.35×10^7
87	$CH_3(s)+Ni(s)\Longrightarrow CH_2(s)+H(s)$	1.55×10^{23}	0.09	9.81×10^7
88	$CH_2(s)+H(s)\Longrightarrow CH_3(s)+Ni(s)$	3.09×10^{22}	-0.09	5.72×10^7

反应编号	反应	$A^{\mathrm{a}}/(\mathrm{kmol,\ m,\ s})$	β	$E_{\mathrm{a}}/(\mathrm{J/kmol})$
非均相反应				
89	$CH_2(s)+Ni(s){=\!\!=}CH(s)+H(s)$	1.55×10^{23}	0.09	9.52×10^7
90	$CH(s)+H(s){=\!\!=}CH_2(s)+Ni(s)$	9.77×10^{23}	-0.09	8.11×10^7
91	$CH(s)+Ni(s){=\!\!=}C(s)+H(s)$	9.89×10^{19}	0.50	2.20×10^7
92	$C(s)+H(s){=\!\!=}CH(s)+Ni(s)$	1.71×10^{23}	-0.50	1.58×10^8
93	$CH_4(s)+O(s){=\!\!=}CH_3(s)+OH(s)$	5.62×10^{23}	-0.10	8.79×10^7
94	$CH_3(s)+OH(s){=\!\!=}CH_4(s)+O(s)$	2.99×10^{21}	0.10	2.58×10^7
95	$CH_3(s)+O(s){=\!\!=}CH_2(s)+OH(s)$	1.22×10^{24}	-0.10	1.31×10^8
96	$CH_2(s)+OH(s){=\!\!=}CH_3(s)+O(s)$	1.39×10^{20}	0.10	1.90×10^7
97	$CH_2(s)+O(s){=\!\!=}CH(s)+OH(s)$	1.22×10^{24}	-0.10	1.31×10^8
98	$CH(s)+OH(s){=\!\!=}CH_2(s)+O(s)$	4.41×10^{21}	0.10	4.25×10^7
99	$CH(s)+O(s){=\!\!=}C(s)+OH(s)$	2.47×10^{21}	0.31	5.77×10^7
100	$C(s)+OH(s){=\!\!=}CH(s)+O(s)$	2.43×10^{20}	-0.31	1.19×10^8
101	$CO(s)+CO(s){=\!\!=}CO_2(s)+C(s)$	1.62×10^{13}	0.50	2.42×10^8
		$\theta_{CO(s)}$		-5.00×10^7
102	$CO_2(s)+C(s){=\!\!=}CO(s)+CO(s)$	7.29×10^{27}	-0.50	2.39×10^8
		$\theta_{CO(s)}$		-1.00×10^8
103	$COOH(s)+Ni(s){=\!\!=}CO_2(s)+H(s)$	3.74×10^{20}	0.48	3.37×10^7
104	$CO_2(s)+H(s){=\!\!=}COOH(s)+Ni(s)$	6.25×10^{23}	-0.48	1.17×10^8
105	$COOH(s)+Ni(s){=\!\!=}CO(s)+OH(s)$	1.46×10^{23}	-0.21	5.44×10^7
106	$CO(s)+OH(s){=\!\!=}COOH(s)+Ni(s)$	6.00×10^{19}	0.21	9.76×10^7
107	$C(s)+OH(S){=\!\!=}CO(s)+H(s)$	3.89×10^{24}	0.19	6.26×10^7
		$\theta_{CO(s)}$		-5.00×10^7
108	$CO(s)+H(s){=\!\!=}C(s)+OH(s)$	3.52×10^{17}	-0.19	1.05×10^8
109	$COOH(s)+H(s){=\!\!=}HCO(s)+OH(s)$	6.00×10^{21}	-1.16	1.05×10^8
110	$HCO(s)+OH(s){=\!\!=}COOH(s)+H(s)$	2.28×10^{19}	0.26	1.59×10^7

　　a：A，β，E_{a} 分别为阿仑尼乌斯型反应速率常数中的指前因子、温度指数与活化能。阿仑尼乌斯反应速率表达式为 $k=AT^{\beta}\exp(-E_{\mathrm{a}}/RT)$。

　　b：黏附系数。

4.1.5　求解方法

本章采用计算流体力学 (computational fluid dynamics, CFD) 商业软件 ANSYS Fluent 对模型进行求解, 其中基元反应机理通过 CHEMKIN 导入。在对模型赋予初始条件时, 将燃烧器下游气固温度给定 1500 K 的高温以模拟点火过程。在求解过程中, 时间步长选取为 $\Delta t = 1$ ms, 通过对瞬态模型求解足够长时间以得到模型的稳态解。收敛判据为能量方程的残差小于 10^{-6}, 其余各方程残差小于 10^{-3}。

4.2　模型验证与结果分析

4.2.1　温度分布

图 4.4 为第 3 章实验中当当量比为 1.6、入口气体流速为 0.15 m/s 时测得的温度分布与本章模拟计算所得的气相和固相温度分布的对比图。从图中可以看出, 温度分布的模拟值与实验值吻合较好。为了分析多孔介质燃烧器内的传热过程, 将模拟结果中的气固相能量方程中主要各项 (反应放热项、固相辐射项和气固对流换热项) 用气相反应放热率的最大值进行归一化, 分别绘图于图 4.4 中, 从而对能量方程各项的相对大小进行对比。从图中可以看出, 在两层多孔介质交界面 ($x = 0.02$ m 处) 附近, 火焰放热量和气固温度均达到最高值, 即火焰稳定于交界面处。在上游多孔介质内, 由于下游固体对上游的导热和辐射作用, 固相温度高于气相温度, 从而使预混气体在经过上游段时被上游多孔介质通过气固间的对流换热作用进行预热。在上游多孔介质区域, 固体间的辐射传热和气固间的对流换热作用都是固相的主要传热方式, 而辐射传热在高温时成为主导因素。在下游多孔介质内, 燃烧反应放热在能量方程中占有主导地位。在燃烧反应区内, 气相温度由于燃烧放热而急剧升高, 从而在下游多孔介质内, 气相温度高于固相温度, 燃烧尾气的热量进一步通过气固间的对流换热作用被固体回收。由于多孔介质出口的对外辐射散热作用, 固相温度在出口处有一个较大幅度的降低。从图中可以看出, 在火焰面之外的区域, 气固间的温度差不超过 100 K, 即多孔介质对气固换热的强化作用取得了较好的效果。

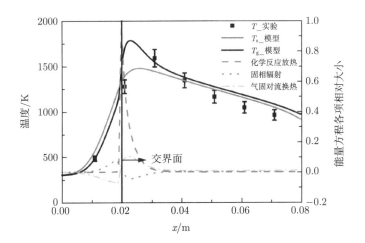

图 4.4 多孔介质燃烧气固温度分布和能量方程各项相对大小

4.2.2 燃烧组分

图 4.5 展示了不同当量下燃烧器出口尾气中主要组分含量的实验测试值与数值模拟值。需要说明的是,图中 CO 的实验测试数据通过元素质量守恒进行了修正,修正过程与第 3 章一致。从图中可以看出,在不同当量比下,模拟组分与实验组分的吻合较好。而二者之间的误差可能是由于实

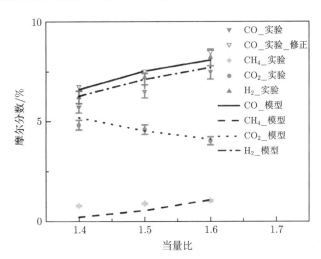

图 4.5 不同当量比下燃烧组分模拟值与实验值对比

验测试的误差和模型的一维简化带来的误差造成的。综合温度与组分的模拟结果来看，在未加入催化剂时，模型结果与实验结果吻合较好，因此可以证明模拟中均相化学反应机理的适用性。

4.2.3　催化增强机理分析

本章模型研究的目标之一是探索催化剂的引入对多孔介质内甲烷富燃燃烧机理的影响，为此，进一步在模型中引入非均相化学反应。此时，需要在模型中设置催化活性表面积与体积之比 a_V，其计算式如下：

$$a_V = D_{Ni} \frac{m_{Ni}}{W_{Ni}} \frac{1}{\Gamma} \frac{1}{V_{bed}} \tag{4-19}$$

其中，D_{Ni} 为催化剂分散度；m_{Ni} 为催化剂担载量（g）；W_{Ni} 为 Ni 的摩尔质量；V_{bed} 为担载催化剂部分堆积床的体积；$\Gamma = 2.66 \times 10^{-5}$ mol/m^2 为表面活性位点密度[144]。通过上式计算可得 $a_V = 1.5 \times 10^4$ m^{-1}。

引入非均相化学反应之后，模拟所得温度分布与图 4.4 相差很小，这与实验中测得的结果一致。图 4.6 中展示了均相反应与非均相反应的热源大小，可以看出，相比于均相反应，非均相反应的热源几乎可以忽略，从而催化剂的引入对温度分布影响非常小。

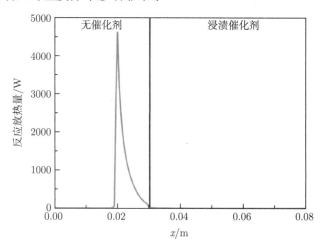

图 4.6　均相反应与非均相反应放热量

从图 4.7 中可以看出，加入催化剂后的产物组分的模拟计算结果与实验结果吻合较好。此外，图中还展示了利用 CEA 软件计算所得的燃烧器出口温度（960 K）下的平衡组分，可以看出催化剂的引入提高了水气变换反应的速率，促使反应向平衡方向移动。催化剂的引入使反应体系内存在传统多孔介质燃烧均相化学反应与 Ni 表面非均相化学反应的耦合作用。火焰区的均相化学反应释放了大量热，并且决定了燃烧器内部的温度分布。而火焰带来的高温环境触发了下游催化担载区域的非均相化学反应。在模拟计算中，在催化剂担载区域分别考虑与不考虑均相化学反应进行模拟，计算所得的主要组分结果对比在图 4.7 中。可以看到，催化剂担载区域考虑均相化学反应与否对主要组分含量的计算结果影响很小，从而可知，在催化剂担载区域，非均相化学反应占有主导地位。

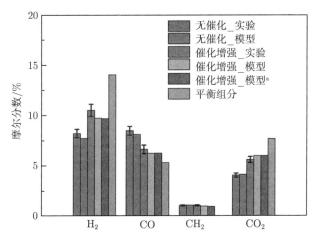

图 4.7　担载催化剂后燃烧组分模拟值与实验值（前附彩图）

a: 催化剂担载区域只考虑非均相化学反应

4.2.4　燃烧器设计参数优化

本节将利用所开发的模型对燃烧器的设计参数进行优化。首先，通过改变燃烧器对外散热、上下游 Al_2O_3 小球直径和多孔介质层的长度对未添加催化剂时的甲烷部分氧化过程进行优化；随后，通过改变催化剂担载量进一步对重整过程进行优化。需要说明的是，所有的模拟都基于当量比为 1.6、入口气体流速为 0.15 m/s 的基础工况。

1. 燃烧器对环境散热的影响

在第 3 章的实验中，虽然在燃烧器外侧包裹了 30 mm 厚的硅酸铝保温棉对燃烧器进行保温,但实验过程中的保温棉外部温度仍较高,从而导致燃烧器对外界环境有较大散热。本节通过在模型中设置不同的固相方程散热项系数 γ,探讨燃烧器对环境散热对其内部甲烷富燃燃烧的影响,见表 4.2。

表 4.2　固相方程散热系数

基础工况	算例 A	算例 B
$\gamma_0 = 3100\ \mathrm{W/(m^3 \cdot K)}$	$\gamma_0/2$	$\gamma_0/4$

图 4.8 与表 4.3 分别展示了不同散热系数下模拟计算所得的燃烧器内气相温度分布与燃烧器出口主要产物组分的物质的量分数。可以看出,优化燃烧器的保温可以使燃烧器内温度显著提高,从而促进 CH_4 到 H_2 与 CO 的转化,产物中的 CH_4 含量明显降低,H_2 含量明显升高。

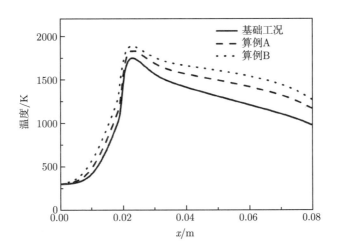

图 4.8　燃烧器散热对温度分布的影响

表 4.3　燃烧器散热对主要产物组分物质的量分数的影响

主要产物/%	基础工况	算例 A	算例 B
CH_4	1.1	0.8	0.6
CO	8.0	8.3	8.5
H_2	7.7	8.4	8.8

2. 氧化铝球直径的影响

表 4.4 列出了在不同 Al_2O_3 小球直径下模拟计算所得的出口组分与反应器内最高温度。从表中可以看出,下游 Al_2O_3 小球直径 (d_2) 增大时,燃烧器出口处的 H_2 与 CO 的物质的量分数增加,CH_4 的物质的量分数减少。正如在 4.2.1 节中所讨论的,下游多孔介质内燃烧反应的放热在能量方程各项中占主导作用。下游小球直径增大,孔隙率增大,从而增大了气相反应发生的体积,进一步增大了反应放热量。因此,最高温度随着下游小球直径的增大而升高,从而促进了甲烷到合成气的完全转化。

表 4.4　小球直径对主要组分物质的量分数与温度的影响

编号	上游/mm	下游/mm	T_{max}/K	CH_4/%	CO/%	H_2/%
基础工况	$d_1 = 2.5$	$d_2 = 5$	1749.7	1.1	8.0	7.4
A	$d_1 = 2.5$	$d_2 = 7.5$	1817.7	0.9	8.1	8.1
B	$d_1 = 2.5$	$d_2 = 4$	1713.7	1.2	7.9	7.2
C	$d_1 = 3.75$	$d_2 = 5$	—	—	—	—
D	$d_1 = 1.25$	$d_2 = 5$	1764.5	1.0	8.1	7.7

而当上游的 Al_2O_3 小球直径增大为原来的 1.5 倍时,火焰不再稳定在交界面处,而是向下游传播。Al_2O_3 小球直径的增加使多孔介质区域表面积与体积之比减小,从而削弱了气固间的对流换热。另一方面,小球直径的增加会降低多孔介质的辐射消光系数,从而增强固相的辐射换热。而在上游多孔介质区域,气固间的对流换热与固相的辐射换热都是能量方程中的重要项,小球直径的增加对二者造成影响的整体效果是使上游温度梯度和火焰温度降低。而火焰温度的降低进一步使火焰速度降低,在交界面处的气体流速超过火焰速度,从而使火焰向下游传播。相反地,上游小球直径的减小会使最高温度升高,进一步促进 CH_4 到 H_2 和 CO 的转化。

从上述分析可知,为了提高甲烷转化为合成气的重整效率,需要减小上游 Al_2O_3 小球直径并增大下游 Al_2O_3 小球直径。然而,需要指出的是,由于本章中开发的模型是基于体积平均假设的模型,模型中对多孔介质内部具体几何结构的忽略会对多孔介质内部流动和传热的计算精度造成一定的影响。当燃烧器直径与堆积小球直径的比值非常低时,由于多孔介质内局部的流动与传热占主导作用,此时体积平均假设将失效。在这种情况下,则必须使用考虑多孔介质内部结构的三维模型计算以保证模拟的准确度。

3. 燃烧器上下游长度的影响

本节将研究上下游多孔介质层长度之比对多孔介质燃烧器内甲烷富燃燃烧的影响,模拟中在反应器总长度不变的情况下,给定了不同的上下游多孔介质层的长度,见表 4.5。

表 4.5　模拟中设置的上下游多孔介质层长度

编号	L_1/mm	L_2/mm	L_2/L_1
基础工况	20	60	3
E	5	75	15
F	10	70	7
G	30	50	5/3
H	40	40	1
I	50	30	3/5
J	60	20	1/3

不同长度比下模拟计算所得的最高温度和甲烷转化为氢气的重整效率如图 4.9 所示。当 $L_2/L_1 > 3$ 时,上游多孔介质层长度减小,固体对气体的预热减少,从而使气体最高温度降低,火焰速度降低,当 L_2/L_1 增大至 15 时,火焰速度小于局部气体流速,火焰向下游传播。而当 $L_2/L_1 < 3$、上游多孔介质层长度增大时,最高温度并未升高,原因是有效预热段的长

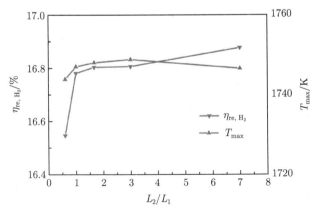

图 4.9　上下游多孔介质层长度之比对最高温度与甲烷到氢气重整效率的影响

度约为 20 mm，如图 4.4 所示。此外，反应区（下游多孔介质层）长度的减小使下游部分回收的热量减少，从而造成 T_{max} 的降低。因此，当 L_2/L_1 减小至 1/3 时，火焰同样向下游传播。

L_2/L_1 的增加会从两个方面影响甲烷的重整效率：一方面，反应区长度的增加会延长反应物的停留时间，进一步促进甲烷的转化；另一方面，多孔介质层长度比的变化引起的反应器内温度的变化也会对甲烷重整效率造成影响。综合以上两方面的影响，当 L_2/L_1 由 3/5 增大到 7 时，甲烷转化为氢气的重整效率升高，如图 4.9 所示。综合考虑上下游长度比对温度和重整效率的影响，L_2/L_1 设置在 3~7 之间是较为合理的。

4. 催化剂担载量的影响

4.2.3 节中指出，在下游部分 Al_2O_3 球上担载催化剂 Ni 会使产物中 H_2 的含量增加。然而，当 Ni 担载量为 0.08 wt%时，未反应的 CH_4 并没有明显的降低。本节将探讨 Ni 的担载量对产物组分的影响，分别在原有担载量的 5 倍、10 倍和 20 倍的情况下进行模拟计算，产物组分的计算结果如图 4.10 所示。当 Ni 担载量增大时，H_2 和 CO_2 的物质的量分数增大，这是由于 Ni 催化剂对水气变换反应和蒸汽重整反应的促进造成的。从图中可看出，当催化剂担载量达到 1.6 wt%（$20m_0$）时，甲烷的物质的量分数低于 0.1%，即甲烷的重整趋于完全。

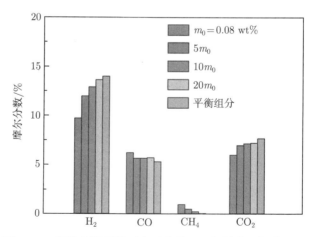

图 4.10　催化剂担载量对主要产物组分的影响（前附彩图）

4.3　两段式多孔介质燃烧器优化

本章前几节的模型研究指出,通过优化燃烧器保温、改变上下游 Al_2O_3 小球直径与多孔介质层长度和增大催化剂担载量的方式可以提高燃烧器的重整效率。本节在模型研究的基础上,对第 3 章中搭建的两段式多孔介质燃烧器进行进一步优化。需要说明的是,由于下游催化剂 Ni 催化剂的担载量与 Al_2O_3 小球的孔隙率密切相关,而本书为了保证 Al_2O_3 球在高温环境下的稳定性采用了致密 Al_2O_3 球而非多孔 Al_2O_3 球,故在实验研究中并未从提升催化剂担载量的角度优化燃烧器性能。本节通过优化燃烧器保温以减少其对外界环境的散热,并在实验中对不同下游 Al_2O_3 小球直径下甲烷的富燃重整效率进行测试以得到下游小球直径的最佳值。随后,在优化后的燃烧器基础上,测试了操作条件对甲烷富燃燃烧稳定区间与燃烧器出口产物组分的影响规律。

4.3.1　氧化铝球直径的影响

4.2.4 节中的第 2 点指出,为了提高甲烷重整为合成气的重整效率,需要减小上游小球直径并增大下游小球直径。然而,在实验中,由于上游的 Al_2O_3 球直径为 2.5 mm,进一步减小其直径在实际应用中不具备可行性,因此,本节主要针对不同的下游小球直径(5 mm,6.5 mm,7.5 mm,9.5 mm)的燃烧器进行实验研究。实验中,在相同的操作条件(当量比 1.6,流速 0.13 m/s)下分别测试了不同下游小球直径下的燃烧器出口的主要组分与重整效率,实验结果如图 4.11 所示。

当下游小球直径由 5 mm 增大全 7.5 mm 时,燃烧产物中 CH_4 含量降低,H_2 和 CO 含量升高,重整效率升高,这与模型中预测的结果一致。然而,当下游的 Al_2O_3 小球直径进一步增大至 9.5 mm 时,产物中未转化 CH_4 含量增多,重整效率降低。这种与模型预测不一致的结果的出现是由于当小球直径过大时,下游多孔介质层的均匀程度降低,气体混合不均匀,部分 CH_4 未完全反应。此外,正如 4.2.4 节第 2 点中提到的,当小球直径过大以致与燃烧器直径量级相当时,在模型中使用体积平均的假设会给模拟结果带来较大的误差。综合上述分析,在后续研究中,下游 Al_2O_3 小球直径选取为 7.5 mm,以实现较高的重整效率。

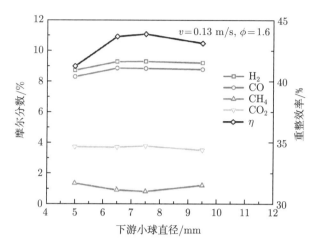

图 4.11　不同下游小球直径下的主要产物组分与甲烷重整效率

4.3.2　操作条件对甲烷富燃燃烧特性的影响规律

在以上研究的基础上，本节研究了甲烷在优化后的多孔介质燃烧器中的富燃燃烧特性。实验测试系统与实验步骤都和第 3 章一致，在此不作过多介绍，而只对实验结果进行介绍。

首先针对甲烷在优化后的多孔介质燃烧器内的稳定富燃工况点进行了测试，得到了富燃火焰稳定的操作区间，如图 4.12 所示。从图中可以看出，

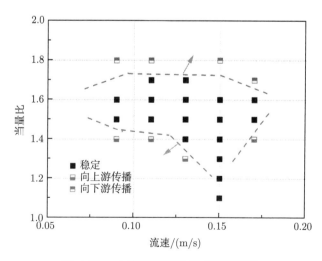

图 4.12　火焰稳定工况点（前附彩图）

火焰向上下游传播的趋势与 3.2.1 节中的趋势一致，即下游 Al_2O_3 球直径的变化并未影响火焰传播的趋势。此外，从图中还可以看到，在流速为 0.15 m/s 时，火焰稳定的富燃当量比的操作区间最广，因此，在后续实验中，对流速为 0.15 m/s 时不同当量比条件下的火焰组分进行了测试。

图 4.13 展示了当保持流速为 0.15 m/s 时，不同当量比下测得的燃烧器出口主要产物组分与燃烧器的重整效率。由图中可看出，在流速为 0.15 m/s、当量比为 1.7 时，甲烷转化为合成气的重整效率达到了 50.0%，相比优化前的燃烧器，重整效率有了较大的提升。

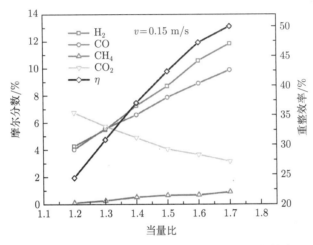

图 4.13　不同当量比下的主要产物组分与重整效率

4.4　本章小结

本章基于 ANSYS Fluent 软件，建立了催化增强多孔介质燃烧器内甲烷富燃燃烧的一维基元反应模型。模型综合考虑了多孔介质内的流动、传热、传质过程及火焰区的均相化学反应和催化剂表面的非均相化学反应。模拟计算结果与第 3 章实验结果吻合良好，为实验现象的解释、反应机理的鉴别和燃烧器性能的优化提供了理论依据。主要研究结论如下：

（1）在两段式多孔介质燃烧器的上游区域中，气固间的对流换热作用和固相的辐射传热是能量方程中的主要项，而在下游区域中，火焰放热成为主导因素。

（2）反应器内存在均相化学反应与非均相化学反应的耦合作用。与均相化学反应相比，非均相化学反应放热可忽略不计。均相化学反应的放热为非均相化学反应的发生提供了高温环境。在催化剂担载多孔介质区域中，非均相化学反应占主导作用。

（3）优化燃烧器保温，优化燃烧器结构参数（减小上游 Al_2O_3 球直径、增大下游 Al_2O_3 球直径、下游多孔介质与上游多孔介质长度比为 3~7）和增大 Ni 催化剂担载量可有效促进甲烷到氢气的转化。

在模型研究的基础上，本章对第 3 章中设计搭建的燃烧器进行了优化，并对优化后燃烧器中的甲烷富燃燃烧特性进行了测试，具体结论如下。

（1）通过改变下游 Al_2O_3 球直径可提高甲烷重整效率，当 Al_2O_3 球直径为 7.5 mm 时，甲烷转化为合成气的重整效率达到最高。

（2）甲烷转化为合成气的重整效率最高达到 50.0%，高于优化前燃烧器的重整效率 42.6%，证明本章开发的模型可以作为燃烧器结构优化的重要工具。

第5章 火焰燃料电池单元实验测试与模拟分析

第2章与第3、4章分别针对火焰燃料电池中的电池选型和燃烧器重整效率优化开展研究。但是 FFC 的实际应用仍需综合考虑多孔介质燃烧器与微管式 SOFC 的传递特性与耦合关系，因此本章针对火焰燃料电池单元开展研究。

在已有研究基础上，本章基于微管式 SOFC 与多孔介质燃烧器，完成了火焰燃料电池单元的设计组装与性能优化，并在电池单元研究的基础上，实现了 FFC 电堆的成功运行。此外，由于火焰燃料电池中，富燃火焰与 SOFC 阳极直接耦合，为了分析二者的耦合机制，本章在第4章的基础上，建立了多物理场耦合的二维轴对称 FFC 电池单元模型，重点分析了 SOFC 阳极 Ni 催化剂和电化学反应对多孔介质甲烷富燃重整的影响。

5.1 实 验 介 绍

5.1.1 反应器和测试系统

本节设计搭建的 FFC 单元反应器如图 5.1 所示，甲烷与空气通入预混腔后进入两段式多孔介质燃烧器中进行富燃燃烧，含有 H_2 与 CO 的燃烧尾气顺流掠过微管式 SOFC 的阳极，同时微管式 SOFC 的阴极由不锈钢管通入空气，空气流量为 100 mL/min（STP）。本章所用微管式 SOFC 与两段式多孔介质燃烧器的结构分别在第2章与第4章中已有陈述，在此不再赘述。微管式 SOFC 的集流方式如图 5.2 所示。与第2章中的 FFC 反应器不同的是，本节中微管式 SOFC 由孔隙率为 60 PPI 的 SiC 陶瓷包围

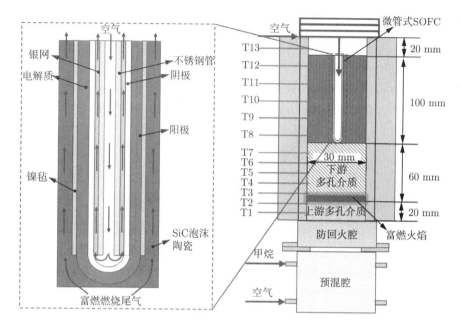

图 5.1　火焰燃料电池单元反应器示意图

图 5.2　微管式 SOFC 集流方式

并垂直置于下游多孔介质上部。

在实验过程中，在反应器轴向方向布置 13 根 S 型热电偶用于温度测量，沿反应器上游至下游热电偶编号分别为 T1～T13，T1～T7 间每两根热电偶间隔为 10 mm，T7～T13 间每两根热电偶间隔为 20 mm。热电偶连接温度采集模块 DAM-3039（阿尔泰科技发展有限公司，中国）采集记录，每隔 10 s 对温度进行采样并记录。采用 Gamry 电化学工作站（Gamry Instruments，美国）对电池的 IV 曲线和 EIS 曲线进行测量。

5.1.2　实验内容与步骤

在安装 SOFC 前,首先需要启动多孔介质燃烧器。与第 3 章相同,在当量比为 0.8、入口气体流速为 0.15 m/s 的贫燃工况下,使用电火花点火器在燃烧器出口点火。火焰面由出口传播至上下游多孔介质界面处,即在 T2 处达到最高温时将当量比调节至 $\phi = 1.6$,将 SOFC 安装至下游多孔介质上部,向阴极通入流量为 100 mL/min(STP)的空气,利用富燃火焰中的 H_2 与 CO 对电池阳极 NiO 进行还原,还原结束后对电池进行 IV 曲线测试和 EIS 测试。随后保持入口气体流速为 0.15 m/s,调节甲烷与空气流量以调节当量比,待火焰稳定后,对反应器内沿程温度进行记录,并对电池进行 IV 曲线测试和 EIS 测试。

5.2　FFC 电池单元性能研究

本章采用的两段式多孔介质燃烧器的富燃特性已经在 4.3 节中进行了详细研究,本节将在此基础上,保持流速为 0.15 m/s,研究富燃当量比对 FFC 电池单元性能的影响,并进一步对其发电效率进行分析。

5.2.1　不同当量比下 FFC 电化学性能

本节首先对 FFC 的启动特性进行测试,由图 5.3 可知,在火焰启动

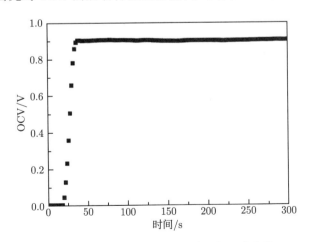

图 5.3　FFC 电池单元启动阶段的开路电压

下，电池的开路电压在几十秒内由 0 上升至 0.9 V，说明 FFC 电池单元可实现快速启动。随后，分别在当量比为 1.3~1.7 的工况下，对 FFC 的电化学性能进行测试，SOFC 的 IV 曲线和 EIS 曲线如图 5.4 所示。从图中可以看出，当当量比由 1.3 增加至 1.6 时，电池电化学性能升高。在 4.3 节中指出，当量比增加，产物组分中 H_2 与 CO 增加，从而可为 SOFC 提供更多燃料。此外，富燃当量比增加，火焰稍向下游移动，使燃烧器下游和电池温度上升，如图 5.5 所示。因此，FFC 电化学性能的提升是欧姆阻抗和阳极活化阻抗降低共同作用的结果，如图 5.4（b）所示。从图 5.5 可以看出，电池区的温度在 973~1273 K 范围内，多孔介质燃烧器内甲烷的富燃燃烧为高温 SOFC 的运行提供了适宜的温度环境。

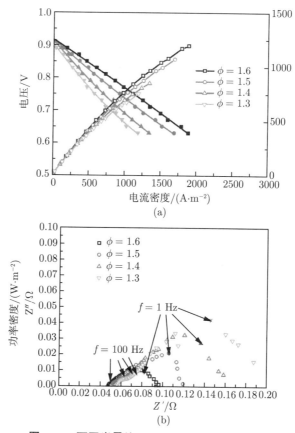

图 5.4　不同当量比下 FFC 的电化学性能

（a）IV 曲线；（b）EIS 曲线

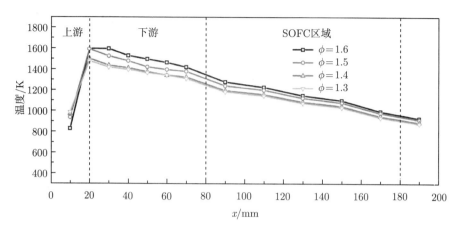

图 5.5　不同当量比下反应器轴向温度分布

随后，保持当量比为 1.6，将 FFC 电池单元在 0.7 V 下进行 100 min 恒压放电，恒压放电曲线如图 5.6 所示。在 0.7 V 下，FFC 单管最大电流为 2.2 A，最大功率达到 1.5 W，且在 100 min 的恒压放电过程中，电池性能无明显衰减。然而，当富燃当量比继续增大至 1.7 时，电池的开路电压迅速下降至 0.4 V 左右。此时 SOFC 区域的温度超过 1373 K，过高的温度使 SOFC 材料的机械强度降低，造成 SOFC 内部产生微裂纹，如图 5.7 所示，微裂纹导致阴阳极间气体泄漏，从而使 OCV 降低。

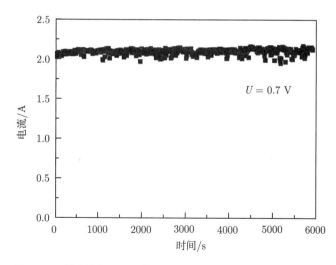

图 5.6　当量比为 1.6 时 0.7 V 下 100 min 恒压放电曲线

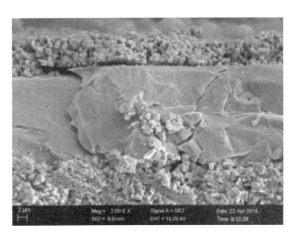

图 5.7　实验测试后电池断面 SEM 图

5.2.2　FFC 电池单元效率分析

利用 1.2 节所述的方法对 FFC 电池单元的发电效率进行分析，需要说明的是，本节中燃烧器重整效率的计算并非采用 1.2 节中的简化公式，而是利用实验中所测的组分含量进行计算。在当量比为 1.6、电压为 0.7 V 下计算所得的燃烧器重整效率 $\eta_{re} = 47.3\%$，SOFC 的燃料利用率 $\eta_{fu} = 0.9\%$，SOFC 的发电效率 $\eta_{el} = 65.6\%$。由于燃烧器直径为 30 mm，而 SOFC 的外径仅为 6.6 mm，二者的尺寸不匹配使富燃燃烧产生的大量 H_2 与 CO 未被 SOFC 利用，造成 SOFC 的燃料利用率较低。

5.3　FFC 电堆设计与性能测试

为了进一步提高 SOFC 的燃料利用率，本节在 5.2 节的基础上，进一步考虑火焰区域与电池区域的流动特性，在 SOFC 区域采用扩口结构，将微管式 SOFC 电堆与两段式多孔介质燃烧器耦合，完成 FFC 电堆的设计组装与性能测试。

5.3.1　FFC 电堆实验系统介绍

本节设计的 FFC 电堆及其实验测试系统如图 5.8 所示。甲烷与空气经由预混腔流入反应器内部，与 5.2 节的研究类似，甲烷富燃火焰稳定在上下游多孔介质界面处。甲烷经由富燃火焰发生部分氧化反应产生含有 H_2 与 CO 的燃烧尾气。在多孔介质燃烧器的下游设计一段扩口结构将反应器截面由直径为 30 mm 的圆形扩大至边长为 55 mm 的方形。燃烧尾气流经扩口区域后进入 SOFC 电堆区域，扩口区域由 5.5 mm 的氧化铝球填充以起到整流的作用。管堆均匀排布于一块孔密度为 30 PPI 的泡沫镍中，由于微管式 SOFC 的热物性可认为与 Al_2O_3 管的热物性相似，在进行管堆温度场测试时，采用 36 根内径为 5 mm、外径为 7 mm、长度为 10 cm 的 Al_2O_3 管代替微管式 SOFC 进行测试。在实验过程中，首先对电堆区域的温度场与组分场进行测试，将 3 根 K 型多点热电偶替代 3 根 Al_2O_3 管插入泡沫镍中，多点热电偶的放置位置如图 5.8 所示。在多点热电偶内部沿轴向方向布置 4 个测点，测点间隔为 30 mm（$z = 10$ mm, 40 mm, 70 mm, 100 mm；$z = 0$ 代表管堆底部）。此外，分别在多点热电偶布置位置附近对燃烧组分进行采样，然后利用气相色谱进行测量。在对管堆温度场与组分场进行测量之后，将 4 根 Al_2O_3 管用 4 根微管式 SOFC 代替，微管式 SOFC 的布置位置如图 5.8 所示，4 根电池采用并联结构，单根电池做好阴阳极集流后在电池外部进行并联，实验过程中利用 Gamry 电化学工作站测试单管和管堆的电化学性能。

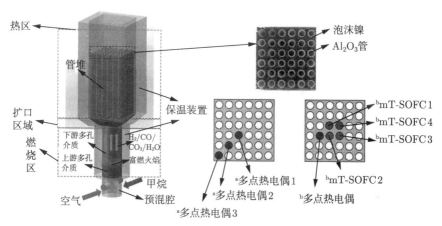

图 5.8　FFC 电堆实验系统示意图

a: 测试温度场时多点热电偶的位置

b: 测试电化学性能时微管式 SOFC 与多点热电偶的位置

5.3.2　FFC 电堆性能研究

由 5.2.1 节的研究可以看到，在本书搭建的反应器中，当入口流速为 0.15 m/s、当量比为 1.6 时，FFC 电池单元可达到最佳的电化学性能，因此，本节中给定气体入口流速为 0.15 m/s、当量比为 1.6，对管堆的组分场、温度场与电化学性能进行测试。管堆温度场与组分场测试的结果如图 5.9 所示。

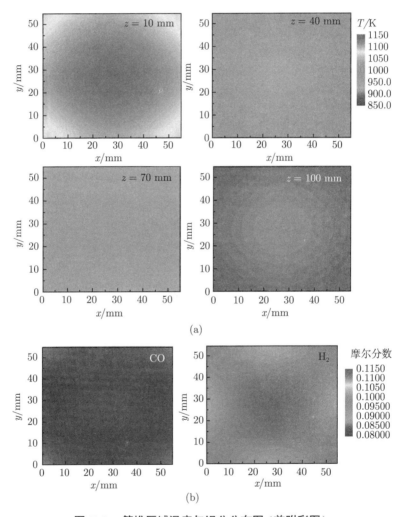

图 5.9　管堆区域温度与组分分布图（前附彩图）
（a）不同高度处平面方向温度分布图；（b）管堆出口 H_2 与 CO 物质的量分数平面方向分布图

需要指出的是，在进行温度与组分场测试时，在反应器截面上选取了 3 个代表性的测点，而图 5.9 所示的整个截面的温度与组分场则是在组分场与温度场的分布为中心对称的假设基础上，由实验测试结果进行中心对称绘制而成。图 5.9（a）为不同高度平面（$z = 10$ mm，40 mm，70 mm，100 mm）的温度分布，由图中可以看出，电堆区域的工作温度为 873~1173 K，且在平面方向，温度在平均值附近变化小于 $\pm 5\%$，即多孔介质内的甲烷富燃燃烧为 SOFC 管堆的操作提供了平面方向均匀的温度场。图 5.9（b）展示了出口截面处 H_2 与 CO 物质的量分数的平面方向分布图。可以看出，富燃尾气中 H_2 与 CO 的物质的量分数之和约为 20%，故富燃火焰为 SOFC 管堆提供燃料。此外，H_2 与 CO 的物质的量分数在平面方向变化小于 $\pm 3\%$。由于管堆温度场与组分场在平面方向分布较为均匀，在电化学测试中对中心 4 根管堆进行测试可以在一定程度上代表整个管堆的电化学性能。

　　在管堆电化学性能测试时，单根 SOFC 管内阴极均通入流量为 100 mL/min（STP）的空气。实验中分别对单管的电化学性能和 4 管并联管堆的电化学性能进行测试，测试结果如图 5.10 所示。需要指出的是，受限于实验中所用电化学工作站的测量量程，实验中对电池 IV 曲线进行测量时最低电压为 0.6 V。从图中各单管电池的 IV 曲线可看出，尽管不同电池的工作温度与组分环境相同，但不同电池的电化学性能仍有差异，这主要是由于电池制作与组装过程中人为操作带来的差异。4 管并联管堆的最大功

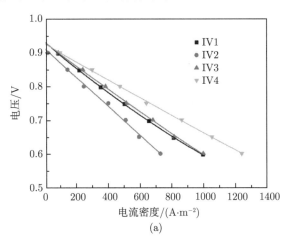

图 5.10　火焰燃料电池电化学性能

（a）单管；（b）4 管管堆

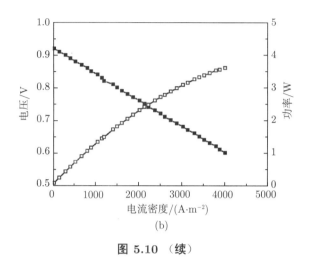

图 5.10 （续）

率在 0.6 V 时达到 3.6 W，体积功率密度为 107 mW/cm³（此处计算时所用体积为 4 管管堆模块所占用体积：$(5.5 \times 5.5 \times 10.0)/9 = 33.6 \text{ cm}^3$），但 PI 曲线趋势表明，在更低电压时，管堆的功率会超过 3.6 W。

根据实验测试结果，对 FFC 管堆的发电效率进行分析可得，燃烧器重整效率 $\eta_{re} = 47.3\%$，SOFC 燃料利用率 $\eta_{fu} = 23.0\%$，SOFC 发电效率 $\eta_{el} = 57.8\%$。需要指出的是，由于在 36 管管堆中只有 4 根管为真实的 SOFC 微管，电堆效率是基于入口燃料流量的 $\frac{1}{9}$ 进行计算分析的。相比于其他研究中的 FFC 构型[11] 和本书未对反应器进行扩口设计时的 FFC 构型，扩口构型的引入使 SOFC 的燃料利用率提升了 1 个数量级。本书实现了 FFC 电堆的设计搭建与测试，FFC 电堆的发电效率达到了 6%。

5.4　火焰燃料电池单元模型建立与验证

5.4.1　模型计算域与假设

本节在 5.1 节实验研究的基础上，基于 Fluent 平台，建立二维轴对称多物理场耦合的 FFC 单元模型，模型综合考虑了火焰区的化学反应、电极内部的化学与电化学反应、多孔介质与电极内的流动、传热与传质过程、电极内的扩散和电荷传导等物理化学过程，其计算域与边界如图 5.11 所示，图中未注明的边界均为内部边界。由于本节模型的研究重点是电池阳极与多孔介质燃烧的耦合作用，为了简化模型计算，忽略阴极流道，认为阴极与流道界面处气体始终为空气。在 4.1.1 节多孔介质燃烧模型假设的基础上，进一步对电池做如下假设。

（1）假设阳极化学反应发生在 Ni 金属表面，电化学反应发生在三相界面；

（2）假设电极内电子导体与离子导体各向同性、均匀连续分布，且电子导体颗粒与离子导体颗粒半径相同，比例各占 50%；

（3）多孔电极内考虑气相扩散与达西渗流（Darcy flow）过程；

（4）忽略多孔电极内的对流换热与辐射换热，仅考虑热传导过程，且认为电极内气固温度相同。

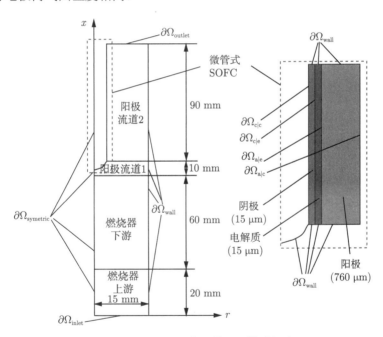

图 5.11　FFC 电池单元模型计算域与边界

5.4.2　控制方程

由于本节建立的 FFC 单元模型的燃烧区域与 4.1 节中的燃烧模型一致，且阳极流道仍为多孔介质，其控制方程与燃烧区域控制方程一致，故不再对燃烧区域与阳极流道的控制方程进行描述，只列出微管式 SOFC 计算域的控制方程。

1. 电荷守恒方程

阳极与阴极内的电子电荷与离子电荷守恒方程及电解质内的离子电荷守恒方程为 [130,146]:

$$\nabla \cdot (-\sigma_{\text{ion,a}}^{\text{eff}} \nabla V_{\text{ion,a}}) = Q_{\text{ion,a}} \tag{5-1}$$

$$\nabla \cdot (-\sigma_{\text{el,a}}^{\text{eff}} \nabla V_{\text{el,a}}) = Q_{\text{el,a}} = -Q_{\text{ion,a}} \tag{5-2}$$

$$\nabla \cdot (-\sigma_{\text{ion,c}}^{\text{eff}} \nabla V_{\text{ion,c}}) = Q_{\text{ion,c}} \tag{5-3}$$

$$\nabla \cdot (-\sigma_{\text{el,c}}^{\text{eff}} \nabla V_{\text{el,c}}) = Q_{\text{el,c}} = -Q_{\text{ion,c}} \tag{5-4}$$

$$\nabla \cdot (-\sigma_{\text{ion,e}}^{\text{eff}} \nabla V_{\text{ion,e}}) = 0 \tag{5-5}$$

其中, V_{ion} 与 V_{el} 分别为离子电势与电子电势; σ^{eff} 为有效电导率, 由式 (5-6) 计算:

$$\sigma^{\text{eff}} = (1 - \varepsilon)\sigma \tag{5-6}$$

其中, ε 为电极孔隙率; Q 为电荷源项, 等于电流密度 i 乘以三相界面面积 S_{TPB}:

$$Q_{\text{ion,a}} = (i_{\text{trans,a,H}_2} + i_{\text{trans,a,CO}})S_{\text{TPB,a}} \tag{5-7}$$

$$Q_{\text{ion,c}} = i_{\text{trans,c}}S_{\text{TPB,c}} \tag{5-8}$$

电极的转移电流密度可由 Buttler-Volmer 方程计算 [147]:

$$
\begin{aligned}
i_{\text{trans,a,H}_2} = i_{0,\text{H}_2} \Bigg(& \frac{c_{\text{H}_2}^{\text{TPB}}}{c_{\text{H}_2}^{\text{bulk}}} \exp\left(\frac{\alpha n_e F \eta_{\text{a,H}_2}}{RT} \right) - \\
& \frac{c_{\text{H}_2\text{O}}^{\text{TPB}}}{c_{\text{H}_2\text{O}}^{\text{bulk}}} \exp\left(-\frac{(1-\alpha)n_e F \eta_{\text{a,H}_2}}{RT} \right) \Bigg)
\end{aligned}
\tag{5-9}
$$

$$
\begin{aligned}
i_{\text{trans,a,CO}} = i_{0,\text{CO}} \Bigg(& \frac{c_{\text{CO}}^{\text{TPB}}}{c_{\text{CO}}^{\text{bulk}}} \exp\left(\frac{\alpha n_e F \eta_{\text{a,CO}}}{RT} \right) - \\
& \frac{c_{\text{CO}_2}^{\text{TPB}}}{c_{\text{CO}_2}^{\text{bulk}}} \exp\left(-\frac{(1-\alpha)n_e F \eta_{\text{a,CO}}}{RT} \right) \Bigg)
\end{aligned}
\tag{5-10}
$$

$$
i_{\text{trans,c}} = i_{0,\text{c}} \frac{c_{\text{O}_2}^{\text{TPB}}}{c_{\text{O}_2}^{\text{bulk}}} \left(\exp\left(\frac{\alpha n_e F \eta_{\text{c}}}{RT} \right) - \exp\left(-\frac{(1-\alpha)n_e F \eta_{\text{c}}}{RT} \right) \right) \tag{5-11}
$$

其中，α 为传递系数；F 为法拉第常数（96485 C/mol）；c^{TPB} 与 c^{bulk} 分别为 TPB 处浓度与体相浓度；η_{a} 与 η_{c} 分别为阳极过电势与阴极过电势：

$$\eta_{\text{a,H}_2} = V_{\text{el,a}} - V_{\text{ion,a}} - V_{\text{ref,a,H}_2} \tag{5-12}$$

$$\eta_{\text{a,CO}} = V_{\text{el,a}} - V_{\text{ion,a}} - V_{\text{ref,a,CO}} \tag{5-13}$$

$$\eta_{\text{c}} = V_{\text{el,c}} - V_{\text{ion,c}} - V_{\text{ref,c}} \tag{5-14}$$

交换电流密度 $i_{0,\text{a,H}_2}$，$i_{0,\text{a,CO}}$ 与 $i_{0,\text{c}}$ 可表示为 [148]

$$i_{0,\text{a,H}_2} = \frac{\gamma_{\text{a,H}_2} RT}{3F} \exp\left(\frac{-E_{\text{act,a,H}_2}}{RT}\right)(p_{\text{O}_2,\text{a,H}_2}^{0.133}) \tag{5-15}$$

$$i_{0,\text{a,CO}} = \frac{\gamma_{\text{a,CO}} RT}{3F} \exp\left(\frac{-E_{\text{act,a,CO}}}{RT}\right)(p_{\text{O}_2,\text{a,CO}}^{0.133}) \tag{5-16}$$

$$i_{0,\text{c}} = \frac{\gamma_{\text{c}} RT}{4F} \exp\left(\frac{-E_{\text{act,c}}}{RT}\right)(p_{\text{O}_2,\text{c}}^{0.25}) \tag{5-17}$$

其中 $\gamma_{\text{a,H}_2}$，$\gamma_{\text{a,CO}}$ 与 γ_{c} 为模型可调参数。

2. 质量守恒方程

SOFC 阳极组分质量守恒方程为

$$\nabla \cdot \left(\rho_{\text{fuel}} \boldsymbol{u} Y_i - \rho_{\text{fuel}} Y_i \sum_{j=1}^{N} D_{i,j}^{\text{eff}} \nabla x_j\right) = R_i \tag{5-18}$$

其中，$\rho_{\text{fuel}} = \dfrac{p}{RT} W_{\text{fuel}}$ 为阳极气体密度；$\boldsymbol{u}$ 为速度矢量；R_i 为组分 i 的质量源项。在阳极中考虑 Ni 表面化学反应源项与三相界面（TPB）电化学反应源项。为简化模型计算，本章采用总包反应来描述阳极内部的反应过程，Ni 表面发生甲烷直接内部重整（DIR）反应与水气变换（WGS）反应：

$$\text{CH}_4 + \text{H}_2\text{O} \longleftrightarrow \text{CO} + 3\text{H}_2 \tag{5-19}$$

$$\text{CO} + \text{H}_2\text{O} \longleftrightarrow \text{CO}_2 + \text{H}_2 \tag{5-20}$$

DIR 反应速率 R_{DIR} 与 WGS 反应速率 R_{WGS} 可由下式计算 [149]：

$$R_{\text{DIR}} = k_{\text{DIR}} \left(p_{\text{CH}_4} p_{\text{H}_2\text{O}} - \frac{p_{\text{H}_2}^3 p_{\text{CO}}}{K_{p,\text{DIR}}}\right) \tag{5-21}$$

$$k_{\text{DIR}} = 2395\exp\left(\frac{-231\,266}{RT}\right) \tag{5-22}$$

$$K_{p,\mathrm{DIR}} = 1.0267 \times 10^{10} \exp(-0.2513Z^4 + 0.3665Z^3 +$$

$$0.5810Z^2 - 27.134Z + 3.277) \tag{5-23}$$

$$R_{\mathrm{WGS}} = k_{\mathrm{WGS}} \left(p_{\mathrm{CO}} p_{\mathrm{H_2O}} - \frac{p_{\mathrm{CO_2}} p_{\mathrm{H_2}}}{K_{p,\mathrm{WGS}}} \right) \tag{5-24}$$

$$k_{\mathrm{WGS}} = 0.0171 \exp \left(\frac{-103\ 191}{RT} \right) \tag{5-25}$$

$$K_{p,\mathrm{WGS}} = \exp(-0.2935Z^3 + 0.6351Z^2 + 4.1788Z + 0.3169) \tag{5-26}$$

$$Z = \frac{1000}{T} - 1 \tag{5-27}$$

电池阳极 TPB 处发生 H_2 与 CO 的电化学氧化反应，阴极 TPB 处发生 O_2 的电化学还原反应：

$$H_2 + O^{2-} \longrightarrow H_2O + 2e^- \tag{5-28}$$

$$CO + O^{2-} \longrightarrow CO_2 + 2e^- \tag{5-29}$$

$$O_2 + 4e^- \longrightarrow 2O^{2-} \tag{5-30}$$

组分电化学反应源项可由法拉第定律表示：

$$R_{\mathrm{H_2},e} = \frac{-i_{\mathrm{trans,a,H_2}} S_{\mathrm{TPB,a}} W_{\mathrm{H_2}}}{2F} \tag{5-31}$$

$$R_{\mathrm{CO},e} = \frac{i_{\mathrm{trans,a,CO}} S_{\mathrm{TPB,a}} W_{\mathrm{CO}}}{2F} \tag{5-32}$$

$$R_{\mathrm{H_2O},e} = \frac{-i_{\mathrm{trans,a,H_2}} S_{\mathrm{TPB,a}} W_{\mathrm{H_2O}}}{2F} \tag{5-33}$$

$$R_{\mathrm{CO_2},e} = \frac{i_{\mathrm{trans,a,CO}} S_{\mathrm{TPB,a}} W_{\mathrm{CO_2}}}{2F} \tag{5-34}$$

其中，S_{TPB} 为单位体积内 TPB 的面积，可以由二元随机填充球模型计算[150]：

$$S_{\mathrm{TPB}} = \pi \sin^2\theta r^2 n_{\mathrm{t}} n_{\mathrm{ep}} Z_{\mathrm{ep\text{-}ip}} P_{\mathrm{ep}} P_{\mathrm{ip}} \tag{5-35}$$

其中，θ 为电子导体颗粒与离子导体颗粒的接触角，本书为了简化计算，取为 15° [147]。r 为颗粒平均半径；n_{t} 为单位体积的颗粒总数；n_{ep} 为电子导体颗粒数占总颗粒数的百分比，本书均取为 0.5。$Z_{\mathrm{ep\text{-}ip}}$ 为不同导体颗粒间的配位数，取为 3。P_{ep} 和 P_{ip} 为同种导体颗粒间的接触概率，取为 0.925。

结合组分化学反应与电化学反应，最终可得组分质量守恒方程的源项 R_i 为

$$R_{H_2} = \frac{-i_{trans,a,H_2}S_{TPB,a}W_{H_2}}{2F} + R_{WGS}W_{H_2} + 3R_{DIR}W_{H_2} \tag{5-36}$$

$$R_{CO} = \frac{-i_{trans,a,CO}S_{TPB,a}W_{CO}}{2F} - R_{WGS}W_{CO} + R_{DIR}W_{CO} \tag{5-37}$$

$$R_{H_2O} = \frac{i_{trans,a,H_2}S_{TPB,a}W_{H_2O}}{2F} - R_{WGS}W_{H_2O} - R_{DIR}W_{H_2O} \tag{5-38}$$

$$R_{CO_2} = \frac{i_{trans,a,CO}S_{TPB,a}W_{CO_2}}{2F} + R_{WGS}W_{CO_2} \tag{5-39}$$

$$R_{CH_4} = -R_{DIR}W_{CH_4} \tag{5-40}$$

3. 动量守恒方程

多孔电极内的动量方程由达西定律 (Darcy's law) 描述：

$$\nabla \cdot (\varepsilon\rho_g \boldsymbol{uu}) = -\varepsilon\nabla p + \nabla[\varepsilon\mu_g(\nabla\boldsymbol{u} + (\nabla\boldsymbol{u})^T)] - \frac{\mu_g}{\alpha}\varepsilon^2\boldsymbol{u} \tag{5-41}$$

其中，μ_g 为气体动力黏度；α 为渗透率（m^2）。

4. 能量守恒方程

多孔电极内仅考虑热传导过程，能量方程为

$$\nabla \cdot (-\lambda\nabla T) = Q_{heat} \tag{5-42}$$

其中，Q_{heat} 为热源项，电解质中主要产生欧姆热，而电极中还会产生不可逆的极化热与可逆的反应热：

$$\text{电解质，} Q_{heat} = Q_{ohm} \tag{5-43}$$

$$\text{多孔电极，} Q_{heat} = Q_{ohm} + Q_{rev} + Q_{irr} \tag{5-44}$$

其中，欧姆热由欧姆定律计算：

$$\text{电解质，} Q_{ohm} = \frac{i_{ion}^2}{\sigma_{ion}} \tag{5-45}$$

$$\text{多孔电极，} Q_{ohm} = \frac{i_{ion}^2}{\sigma_{ion}} + \frac{i_{elec}^2}{\sigma_{elec}} \tag{5-46}$$

其中，i_{ion} 为离子电流密度，i_{elec} 为电子电流密度，σ_{ion} 为离子电导率，σ_{elec} 为电子电导率。电极中的可逆热由化学反应焓变和电化学反应熵变产生：

$$\text{阳极，} Q_{\text{rev}} = \frac{-i_{\text{trans,a,H}_2} S_{\text{TPB,a}} T \Delta s_{\text{H}_2} - i_{\text{trans,a,CO}} S_{\text{TPB,an}} T \Delta s_{\text{CO}}}{2F} +$$
$$R_{\text{WGS}} \Delta h_{\text{WGS}} + R_{\text{DIR}} \Delta h_{\text{DIR}} \tag{5-47}$$

$$\text{阴极，} Q_{\text{rev}} = \frac{-i_{\text{trans,c}} S_{\text{TPB,c}} T \Delta s_{\text{O}_2}}{2F} \tag{5-48}$$

其中，Δs_{H_2} 与 Δs_{CO} 为电化学氧化 H_2 与 CO 的反应熵变，Δs_{O_2} 为电化学反应还原 O_2 的反应熵变，Δh_{WGS} 与 Δh_{DIR} 分别为水气变换反应与重整反应的反应焓变。

不可逆热由电极的极化放热产生：

$$\text{阳极，} Q_{\text{irr}} = |\eta_{\text{a}}(i_{\text{trans,a,H}_2} + i_{\text{trans,a,CO}})| \tag{5-49}$$
$$\text{阴极，} Q_{\text{irr}} = |\eta_{\text{c}} i_{\text{trans,c}}| \tag{5-50}$$

5.4.3   边界条件

对于速度场、组分场、温度场、电子电势场、离子电势场，分别进行边界条件设置。

速度场和组分场：与速度场和组分场相关的边界包括 $\partial\Omega_{\text{inlet}}$，$\partial\Omega_{\text{outlet}}$，$\partial\Omega_{\text{a|c}}$，$\partial\Omega_{\text{a|e}}$，$\partial\Omega_{\text{c|e}}$，$\partial\Omega_{\text{c|c}}$，$\partial\Omega_{\text{wall}}$。其中，入口边界 $\partial\Omega_{\text{inlet}}$ 设置为流速入口并给定组分质量分数，出口边界 $\partial\Omega_{\text{outlet}}$ 设置为自由出流边界即认为各物理量梯度为 0，各壁面 $\partial\Omega_{\text{wall}}$ 设置为无滑移壁面边界条件，电极和电解质接触面 $\partial\Omega_{\text{a|e}}$ 和 $\partial\Omega_{\text{c|e}}$ 设置为零扩散通量，其余边界设置为内部边界。

温度场：温度场相关的边界与上述组分场相关的边界一致，需要说明的是，在燃烧器上游、燃烧器下游、阳极流道 1 与阳极流道 2 涉及气体温度场与固体温度场。入口边界 $\partial\Omega_{\text{inlet}}$ 处气体温度边界设置为恒温边界 $T_{\text{g}} = 300$ K，固体温度边界设置为辐射边界 $\lambda_{\text{s,eff}} \dfrac{\partial T_{\text{s}}}{\partial x} = -\xi\sigma(T_{\text{s,in}}^4 - T_0^4)$；出口边界 $\partial\Omega_{\text{outlet}}$ 处气体温度边界设置为 $\dfrac{\partial T_{\text{g}}}{\partial x} = 0$，固体温度边界设置为辐射边界 $\lambda_{\text{s,eff}} \dfrac{\partial T_{\text{s}}}{\partial x} = -\xi\sigma(T_{\text{s,out}}^4 - T_0^4)$；各壁面 $\partial\Omega_{\text{wall}}$ 设置为绝热边界条件，其余边界设置为耦合边界。

电子电势场：与电子电势场相关的边界包括 $\partial\Omega_{\text{a}|\text{c}}$，$\partial\Omega_{\text{a}|\text{e}}$，$\partial\Omega_{\text{c}|\text{e}}$，$\partial\Omega_{\text{c}|\text{c}}$，$\partial\Omega_{\text{wall}}$。其中，电极流道边界 $\partial\Omega_{\text{a}|\text{c}}$ 与 $\partial\Omega_{\text{c}|\text{c}}$ 分别给定恒定的电子电势，其余边界设置为零电子电势通量。

离子电势场：离子电势场相关的边界与电子电势场相关的边界一致，电极电解质接触面 $\partial\Omega_{\text{a}|\text{e}}$ 与 $\partial\Omega_{\text{c}|\text{e}}$ 设置为耦合边界条件，其余边界设置为零离子电势通量。

5.4.4　模型参数

与多孔介质燃烧区域有关的模型参数与 4.1 节中的模型参数一致，其他区域的物性参数见表 5.1 与表 5.2。

表 5.1　模型热物性参数 [151]

求解区域	材料	密度 ρ/ (kg/m^3)	热导率 λ/ $(\text{W}/(\text{m·K}))$	比热容 c_p/ $(\text{J}/(\text{kg·K}))$	孔隙率 ε
阳极	Ni-YSZ	6870	6.23	420	0.365
电解质	ScSZ	2000	2.7	300	——
阴极	LSM-ScSZ	6570	9.6	390	0.365
阳极流道	SiC	5000	4	512	0.835

表 5.2　模型电化学物性参数 [152]

电池层	材料	离子电导率 σ_{ion}/ (S/m)	电子电导率 σ_{elec}/ (S/m)
阳极	Ni-YSZ	$3.34\times10^4\exp(-10\,300/T)$	$3.27\times10^6-1063.5T$
电解质	ScSZ	$0.002T-1.4483$	——
阴极	LSM-ScSZ	$6.92\times10^4\exp(-9681/T)$	$4.2\times10^7/T\exp(-1150/T)$

此外，虽然阳极流道与多孔介质燃烧区域均为多孔介质，控制方程相同，但由于阳极流道区域孔密度为 60PPI 的 SiC 陶瓷，而燃烧区域为 Al_2O_3 自由堆积球，所以，在计算与传热相关的物性参数时，二者采用的经验公式并不相同。具体地，阳极流道区域气固体积换热系数为

$$h_V = \frac{Nu\lambda_{\text{g}}}{d_{\text{p}}^2} \tag{5-51}$$

其中，λ_{g} 为气体热导率（$\text{W}/(\text{m·K})$）；d_{p} 为等效孔径（m）。对于 60PPI

的泡沫陶瓷，等效孔径为 2.9×10^{-4} m [83]。Nu 为努塞尔数，由以下经验公式计算：

$$Nu = CRe^m \tag{5-52}$$

对于 60PPI 的 SiC 泡沫陶瓷，式 (5-52) 中的 $C = 0.638$，$m = 0.42$ [83]。

5.4.5　模型验证

　　本章针对 FFC 电池单元的模型是在第 4 章多孔介质燃烧器模型的基础上建立的，燃烧区域的模型（甲烷在多孔介质燃烧器内富燃燃烧的温度分布与出口组分）在第 4 章中已经验证，本节在此基础上，通过不同实验工况下的 FFC 电池单元实验测试结果对模型可调参数进行校准，并对模型进行了验证。图 5.12 展示了在 5.2.1 节中的实验工况下计算不同当量比下 FFC 电池单元的 IV 曲线。从图中可以看到，电池单元 IV 曲线的模拟值与实验值在不同操作条件下均吻合较好，表明此模型可用于 FFC 电池单元性能模拟与机理分析。

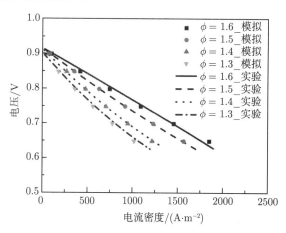

图 5.12　不同当量比下 FFC 电池单元 IV 曲线实验与模拟结果对比图

5.5　火焰与 SOFC 阳极耦合机制分析

5.5.1　Ni 催化剂的影响

　　第 3 章中指出，在燃烧器下游 Al_2O_3 球上担载 Ni 催化剂，对多孔介质富燃重整具有促进作用。在 FFC 电池单元中，SOFC 阳极与燃烧器直接耦合，本节将利用所开发模型，分别在考虑阳极 Ni 表面化学反应与不考虑阳极 Ni 表面化学反应下进行计算，研究 SOFC 阳极 Ni 催化剂对多孔介质富燃重整的影响。模拟计算结果表明，阳极 Ni 催化剂表面化学反应的引入对反应器的温度分布几乎无影响，仅使电池区域的平均温度上升不到 5 K，这与第 4 章中模拟计算所得的结论一致。

图 5.13 展示了当流速为 0.15 m/s、当量比为 1.6 时，考虑阳极 Ni 表面化学反应前后阳极内主要组分的平均物质的量分数。从图中可以看出，由于 Ni 表面发生水气变换反应与 CH_4 的内部重整反应，在考虑 Ni 表面的化学反应后，电池阳极的 H_2 和 CO_2 含量增加，CO 与 CH_4 含量减少，即 SOFC 阳极 Ni 催化剂对多孔介质富燃重整具有一定的促进作用。图 5.14 进一步展示了考虑阳极 Ni 表面的化学反应后，FFC 电池区域的主要组分分布图。从图中可看出，当燃烧尾气由燃烧区域流入电池区域后，SOFC 阳极 H_2 与 CO_2 的含量升高，产生由 SOFC 阳极到阳极流道的浓度梯度，随后经由扩散作用使得阳极流道内 H_2 与 CO_2 含量上升；而 CO 与 CH_4 分布则与之相反，阳极内 CO 和 CH_4 被消耗，产生由阳极流道到 SOFC 阳极的浓度梯度，使阳极流道内 CO 与 CH_4 含量降低。因此，SOFC 阳极的 Ni 催化剂促进了多孔介质富燃重整区域 CO 与 CH_4 向 H_2 的转化，对多孔介质燃烧器内甲烷的富燃燃烧起到了催化增强的作用。

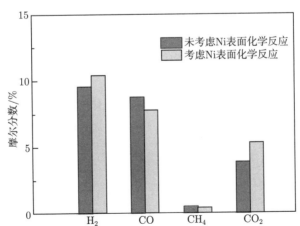

图 5.13　考虑阳极 Ni 表面化学反应前后阳极内主要组分的物质的量分数

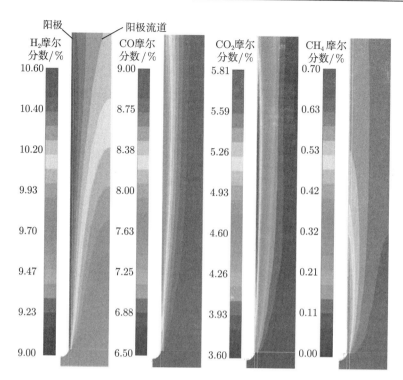

图 5.14 FFC 电池区域的主要组分分布图（前附彩图）

5.5.2 电化学反应的影响

由于本章实验中 FFC 电池单元的燃料利用率仅为 1%，在模型计算中发现，考虑电化学反应（电压为 0.6 V）与未考虑电化学反应相比，FFC 电池单元的最高温度仅上升了 1 K，而电池区域的温度仅上升了 5~6 K，电化学反应放热对甲烷富燃重整的影响非常小；同时较低的燃料利用率也造成在模型中难以考察电化学反应产物组分对化学反应的影响。但在实际应用时需要考虑燃烧器与 SOFC 管堆的耦合，此时电池的燃料利用率会极大提升。因此，在本节模型中，考察了当燃料利用率达到 36% 时，电化学反应对多孔介质甲烷富燃重整的影响。

图 5.15 展示了当量比为 1.6 时，在模型中考虑电化学反应（电压为 0.6 V）和未考虑电化学反应时电池区域的温度分布，从图中可以看出，电化学反应放热使阳极-电解质交界面 $\partial\Omega_{a|e}$ 处温度上升，从而产生由 $\partial\Omega_{a|e}$ 到 $\partial\Omega_{a|c}$ 处的温度梯度，造成电池阳极与阳极流道的温度上升，与未考虑

电化学反应时相比,考虑电化学反应后阳极内的平均温度上升了约 25 K。由于电池上下游存在较大的温度梯度,随着温度的降低,电流密度沿轴向方向急剧下降,如图 5.16 所示,电化学反应放热量也降低。而在电池区域的高温段,由于电化学反应速率较快,电流密度较大,电化学反应放热量更多,温度上升达 50 K。

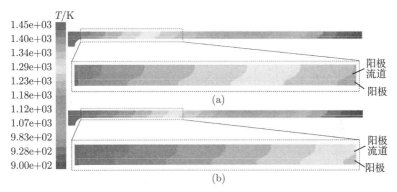

图 5.15　FFC 电池区域温度分布图(前附彩图)

(a) 未考虑电化学反应;(b) 考虑电化学反应

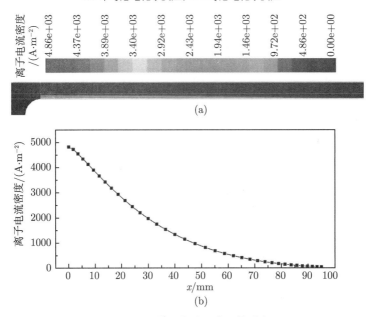

图 5.16　FFC 离子电流分布(前附彩图)

(a) 全电池区域;(b) 沿阳极-电解质界面 $\partial\Omega_{a|e}$ 轴向方向

FFC 电池阳极主要组分的物质的量分数沿阳极-流道界面 $\partial\Omega_{a|c}$ 的轴向分布如图 5.17 所示。从图中可以看出，考虑电化学反应后，H_2 的物质的量分数呈现先下降后上升的趋势，在电池的高温段，H_2 由于电化学反应的消耗而迅速降低；而随着电流密度沿轴向方向的下降，H_2 消耗的速率逐渐下降，在电池的低温段化学反应生成 H_2 的速率高于电化学反应消耗 H_2 的速率，因而 H_2 的物质的量分数缓慢上升。此外，在低温段 CH_4 的物质的量分数变化不大，而 CO 和 H_2O 含量降低，因此，H_2 的生成主要是水气变换反应的结果。由 CH_4 含量沿轴向的分布可看到，在考虑电化学反应前后，甲烷的内部重整反应均接近平衡，但考虑电化学反应后 CH_4 含量进一步降低，这是由于电化学反应的放热使温度升高，从而使 DIR 反应平衡正向移动，促进了 CH_4 到 H_2 与 CO 的转化。H_2O 的含量由于 H_2 电化学反应的发生而上升，同时也为 DIR 反应与 WGS 反应提供反应物，使反应正向移动，促进 CO 与 CH_4 向 H_2 的转化。

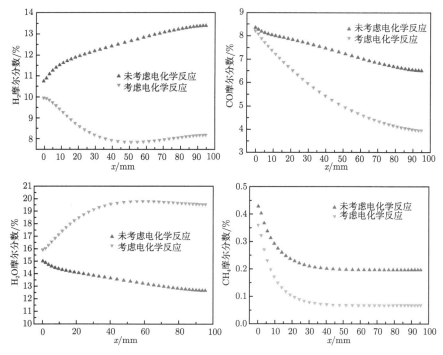

图 5.17 主要组分物质的量分数沿阳极-气体界面 $\partial\Omega_{a|c}$ 轴向方向分布

5.6　本 章 小 结

本章设计搭建了基于两段式多孔介质燃烧器与微管式 SOFC 的火焰燃料电池单元反应器及实验测试系统,测试了不同当量比下 FFC 电池单元的电化学性能。在电池单元测试基础上,引入扩口结构,设计搭建了 FFC 电堆的实验测试系统,测试了管堆的温度分布与组分分布,并对 FFC 电堆的电化学性能进行测试。基于 Fluent 软件,开发了二维轴对称 FFC 电池单元模型,模型耦合了化学反应与电化学反应,考虑了多孔介质及电池内部的流动、传热、传质过程,对多孔介质富燃火焰与 SOFC 阳极的耦合作用机制进行了分析。主要结论如下:

(1) 多孔介质内甲烷的富燃火焰可为高温 SOFC 的运行提供适宜的温度组分环境,当流速为 0.15 m/s、当量比为 1.6 时,在电压为 0.7 V 下,FFC 电池单元的最大发电功率达到 1.5 W。

(2) 成功实现了 FFC 电堆的设计与运行,在电压为 0.6 V 时,4 管并联电堆的发电功率达到 3.6 W,体积功率密度达到 107 mW/cm^3。在电堆中通过引入扩口结构,解决了燃烧器尺寸与电池尺寸不匹配的问题,使 SOFC 的燃料利用率提升了一个数量级,FFC 电堆的发电效率达到 6%。

(3) SOFC 阳极 Ni 催化剂的存在促进了多孔介质富燃重整区域水气变换反应与甲烷重整反应的进行。电化学反应放热使 DIR 反应平衡正向移动,电化学反应产物 H$_2$O 使 DIR 与 WGS 反应平衡正向移动。二者共同促进了 CH$_4$ 与 CO 向 H$_2$ 的转化,对多孔介质燃烧器内甲烷的富燃燃烧起到了催化增强的作用。

第6章 基于 FFC 的冷热电联供系统分析

    基于 SOFC 的微型热电联供（CHP）和冷热电联供系统（CCHP）具有较高的热、电效率，是一种非常具有应用前景的可满足单个家庭能源需求的技术。在传统的 SOFC 中，燃料和氧化剂分别处于阳极与阴极气室中，需要密封材料进行密封。尽管这种传统的双室构型 SOFC 的发电效率高，但在小型系统中，由于温度变化频繁，易造成密封失效从而使 SOFC 性能下降。而 FFC 无需密封与外部热管理的特点可使 SOFC 系统进一步简化，且不再存在密封的问题，从而更适用于微型 CHP 系统。

    不同于传统 SOFC，在 FFC 中，入口燃料的部分化学能通过燃烧的方式转化为热量，导致其发电效率低于传统 SOFC。然而，通过将 FFC 与其他部件（如换热器、制冷器等）耦合为微型联供系统，则有望回收燃烧部分所释放的热量，提高整体系统效率。本章在前几章研究的基础上，采用商用过程模拟软件 gPROMS 为求解平台，构建了基于 FFC 的微型冷热电三联供系统，对系统的稳态运行特性进行了模拟分析，并对系统进行了参数优化，验证了该系统满足我国单个家庭典型能耗的可行性，为基于 FFC 的微型热电联供系统的设计与稳态运行策略提供一定的参考。

6.1 系 统 描 述

6.1.1 系统构型

    本章以本课题组包成博士后开发的 SOFC 系统部件模型库 [153-154] 为基础，构建了基于 FFC 的微型冷热电三联供系统模型，如图 6.1 所示。系统主要包括一个 FFC 模块，一个热水器模块以及一个制冷器模块。甲烷与空气在 FFC 模块中转化为由 CO_2，H_2O，O_2 与 N_2 组成的热烟气，同时

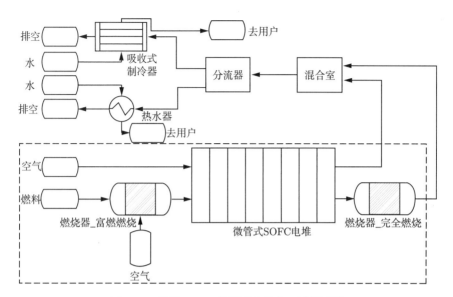

图 6.1　基于 FFC 的微型冷热电三联供系统

发电。热烟气为热水器与制冷器提供热源。热水器利用 FFC 模块产生的热为住户提供热水,制冷器模块利用 FFC 模块产生的热为用户制冷。

6.1.2　FFC 模型

系统中的 FFC 模块由燃烧器与微管式 SOFC 电堆构成,如图 6.1 中的虚线框内所示。在系统中,CH_4 为初始燃料,与空气富燃燃烧转化为 H_2,H_2O,CO,CO_2 与 N_2 的混合气体,混合气体流过微管式 SOFC 管堆,同时管堆阴极供给空气。SOFC 管堆与阴极空气均由富燃燃烧尾气加热,为了维持 SOFC 管堆温度为 1173 K,在阴极通入过量空气。流过阳极的富燃燃烧尾气部分在 SOFC 管堆内发生电化学反应,未反应的部分燃料进一步与环境中的空气发生完全燃烧反应。

CH_4 富燃燃烧反应式为

$$CH_4 + \frac{2}{\phi}(O_2 + 3.76N_2) \rightarrow aCO_2 + bCO + cH_2O + dH_2 + \frac{2 \times 3.76}{\phi}N_2 \quad (6\text{-}1)$$

其中,ϕ 为燃空当量比。富燃燃烧的平衡产物可由元素守恒和水气变换反应平衡计算得到:

$$\text{C: } a + b = 1 \tag{6-2}$$

$$\text{H: } 2c + 2d = 4 \tag{6-3}$$

$$\text{O: } 2a + b + c = \frac{4}{\phi} \tag{6-4}$$

$$K_{\text{eq,WGS}} = \frac{(P_{\text{CO}_2}/P^0)(P_{\text{H}_2}/P^0)}{(P_{\text{CO}}/P^0)(P_{\text{H}_2\text{O}}/P^0)} = \frac{ad}{bc} \tag{6-5}$$

其中，$K_{\text{eq,WGS}}$ 为水气变换反应的平衡常数，可以由式 (6-6) 进行计算[149]：

$$K_{\text{eq,WGS}} = \exp(-0.2935Z^3 + 0.635Z^2 + 4.1788Z + 0.3169) \tag{6-6}$$

其中，$Z = 1000/T_{\text{eq}} - 1$，$T_{\text{eq}}$ 为平衡时的温度（K）。

富燃燃烧过程的能量守恒方程为

$$\dot{m}_{\text{CH}_4} h_{\text{CH}_4,\text{in}} + \dot{m}_{\text{air}} h_{\text{air,in}} = \sum_{i=1}^{n_{\text{out}}} \dot{m}_i h_{i,\text{out}} \tag{6-7}$$

其中，$\dot{m}$ 为质量流量（kg/s）；h 为比焓（J/kg）。

在本章系统模拟中，微管式 SOFC 电堆的几何结构参数见表 6.1[28,155-156]。基于多尺度模拟的思路，针对电池管堆建立了不同层次的模型，包括 PEN（positive-electrolyte-negative）模型、单电池模型和系统级模型。其中，PEN 模型为一维、等温、稳态模型，包含了电化学/化学反应、质量传递与电荷传递等物理化学过程。由于在系统模型中，相比于沿电池长度方向的温度梯度，沿 PEN 厚度方向的温度梯度可忽略不计，所以等温模型的假设是合理的。此外，本章为降低系统计算的复杂度，假设电化学反应发生在电极/电解质界面，在阳极/流道界面发生的化学反应仅有水气变换反应，该假设对电极的性能计算不会引起较大误差[157]，目前已被广泛应用于 SOFC 的系统建模中[158-162]。

CH$_4$ 富燃燃烧产物中的 H$_2$ 与 CO 均可作为 SOFC 的燃料，在阳极发生电化学反应：

$$\text{H}_2 + \text{O}^{2-} \longrightarrow \text{H}_2\text{O} + 2e^- \tag{6-8}$$

$$\text{CO} + \text{O}^{2-} \longrightarrow \text{CO}_2 + 2e^- \tag{6-9}$$

电化学反应的质量守恒方程为（$i = \text{H}_2, \text{H}_2\text{O}, \text{CO}, \text{CO}_2, \text{CH}_4, \text{N}_2, \text{O}_2$）

$$\nabla \cdot N_i = 0, \quad N_i\left.\right|_{\text{E/E}} = - \sum_{k=\text{H}_2,\text{CO},\text{O}_2} \frac{\psi v_{\text{elec},k,i} J_k}{n_e F A_{\text{E/E}}} \tag{6-10}$$

其中，N_i 为组分 i 的摩尔扩散通量（$\mathrm{mol/(m^2 \cdot s)}$），$A_{\mathrm{E/E}}$ 为电极/电解质界面处的有效电化学反应面积（$\mathrm{m^2}$），F 为法拉第常数（96485 C/mol），$n_e = 2$ 为参与电化学反应的电子数。$\psi = 1$ 为描述离子相和电子相电流间电流交换的量，在阳极中 $\psi = 1$，在阴极中 $\psi = -1$。$v_{\mathrm{elec,H_2},i} = [-1, 1, 0, 0, 0, 0, -0.5]$ 与 $v_{\mathrm{elec,CO},i} = [0, 0, -1, 1, 0, 0, -0.5]$ 分别为 H_2 和 CO 电化学反应中组分 i 的化学计量数。

表 6.1　微管式 SOFC 电堆几何尺寸

参数	数值
阳极厚度/m	2.0×10^{-5}
阴极厚度/m	3.0×10^{-4}
电解质厚度/m	1.5×10^{-5}
电池管外径/m	2.5×10^{-3}
电池管长度/m	5.0×10^{-2}
管间距/m	2.5×10^{-3}
串联电池数目/个	100
并联电池数目/个	15

电化学反应的总电流 J 等于 H_2 电化学反应产生的电流 $J_{\mathrm{H_2}}$ 与 CO 电化学反应产生的电流 J_{CO} 之和，其中，$J_{\mathrm{H_2}}$ 占比为 ω，有以下关系式成立：

$$J_{\mathrm{H_2}} + J_{\mathrm{CO}} = J_{\mathrm{O_2}} = J \tag{6-11}$$

$$J_{\mathrm{H_2}} = \omega J \tag{6-12}$$

$$J_{\mathrm{CO}} = (1 - \omega)J \tag{6-13}$$

为了简化电极总极化 η_t 的计算，许多研究者采用分别计算反应极化 η_{act} 与浓差极化 η_{conc} 的方法以得到 η_t 关于电流的显式表达式。其中，阳极与阴极的反应极化可采用阿仑尼乌斯形式的等效电阻半经验公式计算[163]：

$$\omega R_{\mathrm{act,H_2}} = (1 - \omega)R_{\mathrm{act,CO}} \tag{6-14}$$

$$\frac{1}{R_{\mathrm{act},k}} = -\frac{n_e F}{v_{\mathrm{elec},k}RT}k_k\left(\frac{p_k}{p_0}\right)^n \exp\left(-\frac{E_a}{RT}\right) \quad (k = \mathrm{H_2, CO, O_2}) \tag{6-15}$$

$$\eta_{\text{act,a}} = \frac{\psi J}{(A_{\text{A/E}}/R_{\text{act,H}_2}) + (A_{\text{A/E}}/R_{\text{act,CO}})} \tag{6-16}$$

$$\eta_{\text{act,c}} = \frac{\psi J R_{\text{act,O}_2}}{A_{\text{C/E}}} \tag{6-17}$$

其中，R 为通用气体常数（$8.314\,\text{J}/(\text{mol·K})$），$T$ 为操作温度（K），$v_{\text{elec,H}_2} = v_{\text{elec,CO}} = -1$，$v_{\text{elec,O}_2} = -0.5$，$k$ 为指前因子，E_{a} 为反应活化能，n 为压力项的指数修正，$A_{\text{A/E}}$ 与 $A_{\text{C/E}}$ 分别为阳极/电解质与阴极/电解质界面活性面积。

对于电化学反应，有热能转换关系 $\Delta G = -n_e F V_{\text{OC}}$，则电池的开路电压可由多组分燃料直接完全氧化的吉布斯自由能变化计算：

$$V_{\text{OC}} = \frac{1}{2(x_{\text{H}_2} + x_{\text{CO}})F} \{-(x_{\text{H}_2}\Delta G_{\text{H}_2,\text{ox}} + x_{\text{CO}}\Delta G_{\text{CO},\text{ox}})_{p=p_0} +$$
$$RT[x_{\text{H}_2}\ln p_{\text{H}_2} + x_{\text{CO}}\ln p_{\text{CO}} - x_{\text{CO}}\ln p_{\text{CO}_2} - x_{\text{H}_2}\ln p_{\text{H}_2\text{O}} +$$
$$(0.5x_{\text{H}_2} + 0.5x_{\text{CO}})\ln p_{\text{O}_2}]\} \tag{6-18}$$

其中，x 为组分的物质的量分数；$\Delta G_{\text{ox},p_0}$ 为标准压力下的完全氧化反应的吉布斯自由能变化。

当电池电流为 0 时，电极内无组分扩散过程，因此电极的内部组分浓度均匀分布，即 $V_{\text{OC}} = f(x_i)$，将方程 (6-18) 中的 x_i 替换为 TPB 处组分的物质的量分数 $x_{i,\text{TPB}}$，可对浓差极化进行计算：

$$\eta_{\text{conc}} = \psi(V_{\text{OC}} - V_{\text{OC,TPB}}) \tag{6-19}$$

电极的总极化 $\eta_{\text{t},k}$ 为反应极化与浓差极化之和：

$$\eta_{\text{t},k} = \eta_{\text{act},k} + \eta_{\text{conc},k} \tag{6-20}$$

由于在管式电池中，电极内存在轴向与周向的电子电流传递，为了简化计算，本章假设电解质层的欧姆极化占总欧姆极化的百分比为固定值 f_{ohm}[160]，则电池的欧姆极化可由下式计算：

$$\eta_{\text{ohm}} = \frac{J\delta_e}{\pi(r_{\text{ea}} + r_{\text{ec}})L\sigma_{\text{ion}}f_{\text{ohm}}} \tag{6-21}$$

其中，δ_e 为电解质层的厚度（m），r_{ea} 与 r_{ec} 分别为电解质/阳极界面和电解质/阴极界面处的半径（m），L 为单电池长度（m），σ_{ion} 为电解质层的离子电导率（S/m）。

电池电压为

$$V_{\text{cell}} = V_{\text{OC}} - \eta_{\text{t,a}} - |\eta_{\text{t,c}}| - \eta_{\text{ohm}} - \eta_{\text{leak}} \tag{6-22}$$

其中，η_{leak} 为由于泄漏引起的极化损失。

本书采用电池单元尺度模型来模拟流动与换热过程，并为 PEN 尺度的模型提供流道/电极处的边界条件。电池单元模型为集总参数 SOFC 模型，将流道看作连续搅拌式反应器（continuous-flow stirred tank reactor，CSTR），认为气体出口物性与容腔内的气体物性相同。流道内的组分守恒与质量守恒方程为（$i = H_2, H_2O, CO, CO_2, CH_4, N_2, O_2$）：

$$V_k c_{\text{t},k} \frac{\mathrm{d}x_{i,k}}{\mathrm{d}t} = \dot{n}_{k,\text{in}}(x_{i,k,\text{in}} - x_{i,k}) + A_{\text{E/C}}\left(R_i - x_{i,k}\sum_i R_i\right) - $$
$$\psi A_{\text{E/C}}\left(N_{i,k}|_{\text{E/C}} - x_{i,k}\sum_i N_{i,k}|_{\text{E/C}}\right) \tag{6-23}$$

$$V_k \frac{\mathrm{d}c_{\text{t},k}}{\mathrm{d}t} = \dot{n}_{k,\text{in}} - \dot{n}_{k,\text{out}} - A_{\text{E/C}}\sum_i (\psi N_{i,k}|_{\text{E/C}} - R_i) \quad (k = a, c) \tag{6-24}$$

其中，t（s）为时间；$c_{\text{t},k}$ 为流道内的总气体浓度；$A_{\text{E/C}}$ 为电极/流道界面反应活性面积；$R_i = v_{i,\text{shift}} R_{\text{WGS}}$ 为组分 i 单位面积的水气变换反应速率，$v_{i,\text{shift}} = [1, -1, -1, 1, 0, 0, 0]$ 为组分 i 在水气变换反应中的化学计量数；通量 $N_{i,k}|_{\text{E/C}}$ 为电化学反应通量。在电池阴极无水气变换反应，即 $R_{\text{WGS}} = 0$。在电池阳极，假设水气变换反应处于热力平衡状态，为避免微分方程与代数方程的联合求解，采用统一的动力学形式描述水气变换反应速率 [164]：

$$R_{\text{WGS}} = k_{\text{WGS}}\left(x_{\text{CO}}x_{\text{H}_2\text{O}} - \frac{x_{\text{CO}_2}x_{\text{H}_2}}{K_{\text{eq,WGS}}}\right) \tag{6-25}$$

其中，k_{WGS} 为动力学常数，在保证计算稳定性的前提下，可以取任意大常数；$K_{\text{eq,WGS}}$ 为水气变换反应的平衡常数。

由于文献中指出，局部非热平衡效应对 SOFC 电极温度的影响较小，电极内的气固温差可忽略不计 [165]，所以，在电池温度的计算中，认为气固温度相等，只采用一个能量方程进行描述：

$$\rho_s c_{p,s} V_s \frac{\mathrm{d}T}{\mathrm{d}t} = \sum_{k=a,c} \dot{n}_{k,\text{in}} H_{k,\text{in}} - \sum_{k=a,c} \dot{n}_{k,\text{out}} H_{k,\text{out}} - J V_{\text{cell}} - Q_{\text{loss}} \tag{6-26}$$

其中，ρ_s（kg/m³）为电极密度；V_s（m³）为电极体积；$c_{p,s}$（J/(kg·K)）为电极比定压热容；H（J/mol）为气体摩尔比焓；Q_{loss}（W）为散热损失。

需要指出的是，在稳态计算时，$\dfrac{\mathrm{d}T}{\mathrm{d}t}=0$。通常情况下，FFC 模块给定的边界条件包括富燃燃烧器入口燃料与空气流量、SOFC 阴极入口空气流量以及入口气体的温度。

6.1.3　制冷器模型

近年来，小型 LiBr-水吸收式制冷器的商业化及在小型家用热电冷联供系统中的应用引起了国内外研究者的广泛关注 [166-168]。西班牙 Rotartica 公司研发了以 LiBr-水为工质的单效吸收式制冷器，额定制冷功率为 4.5 kW [169]。日本 Rinnai 公司研发的 6.7 kW 双效吸收式 LiBr-水吸收式制冷器已经在日本实现了商业化 [170]。由于在 FFC 发电系统中，初始燃料的部分化学能通过燃烧过程转化为热能，而此部分热能除了用于制热之外，还可以作为吸收式制冷器的热源为用户制冷。

双效吸收式制冷器的主要部件包括蒸发器、吸收器、冷凝器、低压发生器、高压发生器、换热器、循环泵和节流阀等，如图 6.2 所示。在运行过程中，高压发生器中的溴化锂水溶液吸收外界热量后，溶液中的水不断汽化，产生一级蒸汽，同时高压发生器内的溴化锂水溶液浓度不断升高，溶液经过换热器后进入低压发生器，进一步由一级蒸汽加热产生二级蒸汽与浓溶液。随后，浓溶液流经低温换热器后进入吸收器；而一级、二级蒸汽在冷凝器中冷凝，冷凝水进一步在蒸发器中低压下蒸发，吸收循环水的热量，使其温度下降。最后，蒸发器中产生的水蒸气在吸收器中被浓溶液吸收变为稀溶液，稀溶液进入高压发生器后开始下一个热力循环 [171-172]。

在本章对制冷器进行建模的过程中，采用了如下假设：

（1）模型分析在热力学平衡和稳态下进行；

（2）忽略管路和部件中的热量损失和压降；

（3）忽略泵功；

（4）发生器与吸收器出口的溴化锂水溶液为饱和溶液；

（5）冷凝器出口的冷凝水与蒸发器出口的水蒸气为饱和态；

（6）节流阀中的膨胀过程为等焓过程。

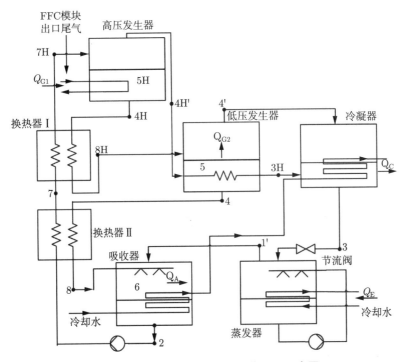

图 6.2　双效吸收式制冷器工作原理示意图

吸收式制冷系统中溶液的循环倍数是一个重要参数, 其定义为低压发生器内溶液的浓度与低压发生器和吸收器溶液浓度之差的比值:

$$a = \frac{X_2}{X_2 - X_1} \tag{6-27}$$

其中, X_1 是溴化锂稀溶液的浓度; X_2 是溴化锂浓溶液的浓度。

吸收式制冷器中部件内的质量和能量守恒方程为

$$\sum \dot{m}_{\text{in}} - \sum \dot{m}_{\text{out}} = 0 \tag{6-28}$$

$$\sum \dot{m}_{\text{in}} X_{\text{in}} - \sum \dot{m}_{\text{out}} X_{\text{out}} = 0 \tag{6-29}$$

$$\sum \dot{m}_{\text{in}} h_{\text{in}} - \sum \dot{m}_{\text{out}} h_{\text{out}} + \dot{Q} = 0 \tag{6-30}$$

对于主要部件, 有以下关系式:

$$Q_{\text{G1}} = G_{\text{M}} h_{4\text{H}} + D_1 h'_{4\text{H}} - G_1 h_{7\text{H}} \tag{6-31}$$

$$Q_{\text{G2}} = G_2 h_4 + D_2 h'_4 - G_{\text{M}} h_{8\text{H}} \tag{6-32}$$

$$Q_A = (a-1)D_0 h_8 + D_0 h_1' - aD_0 h_2 \tag{6-33}$$

$$Q_E = D_0(h_1' - h_3) \tag{6-34}$$

$$Q_C = D_2(h_4' - h_3) + D_1(h_{3H} - h_3) \tag{6-35}$$

其中，Q_{G1}（W）是单位时间内高压发生器（由 FFC 模块）吸收的热量；Q_{G2} 是低压发生器吸收的热量；Q_A 是吸收器放出的热量；Q_E 是蒸发器的制冷量；Q_C 是冷凝器放出的热量；G_M（kg/s）是高压发生器出口的溶液流量；G_1 为吸收器出口的稀溶液流量；G_2 为低压发生器出口的浓溶液流量；D_0 为冷蒸汽的流量；D_1 为高压发生器出口的水蒸气流量；D_2 为低压发生器出口的水蒸气流量。

本模型计算中采用的溴化锂水溶液的热力性质取自文献 [173]，水蒸气的热力性质由 gPROMS 软件包提供，其函数表达式如下：

溴化锂水溶液：$f_1(h, X, T) = 0; \quad f_2(p, X, T) = 0 \tag{6-36}$

水蒸气：$f_3(p, T) = 0 \tag{6-37}$

制冷器的性能系数 COP（coefficient of performance）为制冷量与制冷器高压发生器吸热量之比：

$$COP = \frac{Q_E}{Q_{G1}} \tag{6-38}$$

双效吸收制冷器的基本操作条件见表 6.2[174]。

表 6.2　典型双效吸收式制冷器的操作条件参数

参数	数值
蒸发压力 p_E/Pa	872
冷凝压力 p_C/Pa	9586
高压发生器压力 p_{HG}/Pa	101325
稀溶液浓度/%	58.2
低压发生器出口温度 T_4/K	369.15
浓溶液浓度/%	62.5
热交换器出口稀溶液温度 T_7/K	332.65
高压发生器入口温度 T_{7H}/K	397.15
高压发生器出口温度 T_{4H}/K	431.15

6.1.4 其他部件模型

1. 热交换器模型

系统中热水器吸收 FFC 模块出口热烟气的热量为用户提供热水，其本质是一个热交换器，本书采用 ε-NTU 方法对热交换器进行建模。传热有效度定义为冷热流体进出口温差的较大值与冷热流体可能的最大温差之比：

$$\varepsilon = \frac{|T_{\text{in}} - T_{\text{out}}|_{\max}}{T_{h,\text{in}} - T_{c,\text{in}}} \tag{6-39}$$

其中，$T_{h,\text{in}}$ 和 $T_{c,\text{in}}$ 分别为热流体和冷流体的入口温度。在本章计算中，采用了典型的传热有效度 0.89。

2. 混合室模型

假设气体在混合室内均匀混合，则气体的组分守恒和质量守恒方程为

$$c_t V \frac{\mathrm{d}x_i}{\mathrm{d}t} = \sum_j \dot{n}_{\text{in}}^j (x_{i,\text{in}}^j - x_i) \tag{6-40}$$

$$V \frac{\mathrm{d}c_t}{\mathrm{d}t} = \sum_j \dot{n}_{\text{in}}^j - \sum_k \dot{n}_{\text{out}}^k \tag{6-41}$$

其中，c_t（$\mathrm{mol/m^3}$）为气体总浓度，V（$\mathrm{m^3}$）为混合室容积，$\dot{n}_{\text{in}}^j$（$\mathrm{mol/s}$）为第 j 个入口气体摩尔流量，$\dot{n}_{\text{out}}^k$（$\mathrm{mol/s}$）为第 k 个出口气体摩尔流量。

能量守恒方程为

$$c_t V c_v \frac{\mathrm{d}T}{\mathrm{d}t} = \sum_j \dot{n}_{\text{in}}^j \sum_i x_{i,\text{in}}^j H_{i,\text{in}}^j (T_{\text{in}}^j) - \sum_j \dot{n}_{\text{out}}^j \sum_i x_i H_{i,\text{out}}^j (T) - Q_{\text{loss}} \tag{6-42}$$

其中，c_v（$\mathrm{J/(mol \cdot K)}$）为定容摩尔比热；T（K）为气体温度；Q_{loss}（W）为热量损失。

3. 分流器模型

分流器中忽略气体温度的变化，其质量守恒方程为

$$\dot{m}_{\text{in}} = \sum_j \dot{m}_{\text{out}}^j \tag{6-43}$$

分流器入口出口气体组分未发生变化，即

$$x_{i,\text{in}} = x_{i,\text{out}} \tag{6-44}$$

4. 管路模型

在本章系统模拟中，管路模型采用的是线性压降模型

$$\dot{m} = \zeta(p_{\text{in}} - p_{\text{out}}) \tag{6-45}$$

其中，ζ 为管路的流阻系数，$\dot{m}$ 为质量流量，p_{in} 与 p_{out} 分别为入口和出口压力。

6.1.5　模型参数

微管式 SOFC 相关的物性参数见表 6.3。

表 6.3　微管式 SOFC 物性参数

参数	数值
阳极密度 $\rho_a/(\text{kg/m}^3)$	7740
阴极密度 $\rho_c/(\text{kg/m}^3)$	5300
电解质密度 $\rho_e/(\text{kg/m}^3)$	6000
阳极质量比热 $c_{p,a}/(\text{J}/(\text{kg·K}))$	300
阴极质量比热 $c_{p,c}/(\text{J}/(\text{kg·K}))$	400
电解质质量比热 $c_{p,e}/(\text{J}/(\text{kg·K}))$	500

电化学子模型相关参数见表 6.4。

表 6.4　PEN 电化学子模型相关参数

参数	数值
离子电导率 $\sigma_{\text{ion}}/(\text{S/m})$	$3.34 \times 10^4 \exp(-10300/T_{\text{PEN}})$
阳极活化能 $E_a/(\text{J/mol})$	1.1×10^5
阴极活化能 $E_c/(\text{J/mol})$	1.6×10^5
H_2 动力学指前因子 $k_{H_2}/(\text{A/m}^2)$	2.13×10^8
CO 动力学指前因子 $k_{\text{CO}}/(\text{A/m}^2)$	5.0×10^7
O_2 动力学指前因子 $k_{O_2}/(\text{A/m}^2)$	1.49×10^{10}
压力修正指数 n	0.25

气体的物性参数如密度、比热、标准生成焓等性质由 gPROMS 软件的标准物性库 IPPFO 与扩展物性库 Multiflash 提供。

6.1.6　系统性能评价参数

本章对燃料电池和系统的性能评价参数包括: SOFC 燃料利用率(U_f)、阴极过量空气系数 (e_{air}),SOFC 电堆发电效率 ($\eta_{SOFC,E}$)、系统发电效率 ($\eta_{Sy,E}$)、系统 CHP 效率 (η_{CHP}),系统 CCHP 效率 (η_{CCHP}) 和系统热电比 (thermal-to-electric ratio,TER),其定义分别如下:

$$U_f = \frac{\dot{m}_{电化学反应消耗H_2} + \dot{m}_{电化学反应消耗\,CO}}{\dot{m}_{H_2,an,in} + \dot{m}_{CO,an,in}} \tag{6-46}$$

$$e_{air} = \frac{\dot{m}_{O_2,ca,in}}{0.5(\dot{m}_{H_2,an,in} + \dot{m}_{CO,an,in})} \tag{6-47}$$

$$\eta_{SOFC,E} = \frac{P_{DC}}{\dot{m}_{H_2,an,in}LHV_{H_2} + \dot{m}_{CO,an,in}LHV_{CO}} \tag{6-48}$$

$$\eta_{Sy,E} = \frac{P_{AC}}{\dot{m}_{CH_4,Sy,in}LHV_{CH_4}} \tag{6-49}$$

$$\eta_{CHP} = \frac{P_{AC} + \dot{Q}_{heat}}{\dot{m}_{CH_4,Sy,in}LHV_{CH_4}} \tag{6-50}$$

$$\eta_{CCHP} = \frac{P_{AC} + \dot{Q}_{heat} + \dot{Q}_{cold}}{\dot{m}_{CH_4,Sy,in}LHV_{CH_4}} \tag{6-51}$$

$$TER = \frac{\dot{Q}_{heat}}{P_{AC}} \tag{6-52}$$

其中,甲烷低位热值 $LHV_{CH_4} = 50.2$ MJ/kg,CO 低位热值 $LHV_{CO} = 10.1$ MJ/kg,H_2 的低位热值 $LHV_{H_2} = 120.1$ MJ/kg。交流功率 $P_{AC} = P_{DC} \times \eta_{DC\text{-}AC}$,直流交流转换效率 $\eta_{DC\text{-}AC}$ 取值为 95%。

6.2　系统模拟结果与分析

6.2.1　参数敏感性分析

基于 FFC 的冷热电联供系统与基于传统 SOFC 的系统的显著区别在于 SOFC 的燃料和热量由富燃火焰提供,其与当量比 ϕ 密切相关。此外,SOFC 的燃料利用率 U_f 也会影响 SOFC 电堆的功率,进而影响系统效率。本节分别探究了富燃当量比 ϕ 和 SOFC 的燃料利用率 U_f 对 SOFC 电堆性能和系统效率的影响。需要指出的是,本节为了减小分析的复杂度,仅针对热电联供的情况进行分析。

1. 富燃当量比 ϕ 对系统性能的影响

在本节中，保持入口燃料流速和燃料利用率不变，通过设置不同的入口空气流速以改变富燃当量比 ϕ，系统参数设置见表 6.5。在模拟过程中，调控阴极空气流量以维持 SOFC 电堆温度为 1123 K。

表 6.5　研究当量比 ϕ 对系统性能影响所设置的系统参数

当量比 ϕ	入口空气流量/（kg/s）	入口燃料流量/（kg/s）	燃料利用率 U_f/%
1.4	1.66×10^{-3}	1.35×10^{-4}	60
1.6	1.45×10^{-3}	1.35×10^{-4}	60
1.8	1.29×10^{-3}	1.35×10^{-4}	60
2.0	1.16×10^{-3}	1.35×10^{-4}	60

不同当量比下模拟计算所得的系统性能如图 6.3 所示。从图中可以看出，当 ϕ 增大时，SOFC 阴极过量空气系数降低，由于燃烧温度随富燃当量比增加而降低，冷却电堆所需的阴极空气量减小。当富燃当量比由 1.4 增大至 2.0 时，SOFC 电堆的输出功率 P_{DC} 增大。这是由于随着当量比增加，富燃燃烧产物中 H_2 与 CO 含量增加，从而可以为 SOFC 电堆提供更多燃料，因此输出电功率更大。然而，当量比由 1.4 增大至 2.0 时，SOFC 电堆

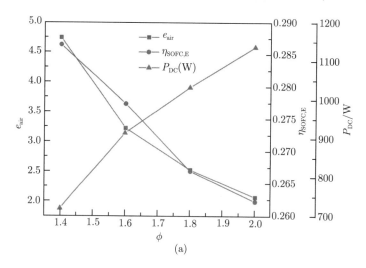

图 6.3　当量比 ϕ 的影响

（a）对 SOFC 性能的影响；（b）对系统性能的影响

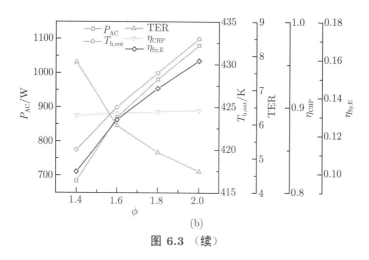

(b)

图 6.3 （续）

的发电效率由 29%降低至 26%，原因是入口甲烷增加的比例大于发电功率
的增大幅度。系统交流电功率 P_{AC} 由 684 W 增大至 1080 W，适用于高用
电需求的住户。由图 6.3 可以看出，当 ϕ 由 1.4 增大至 2.0 时，由于燃料
的化学能更多地转化为电能，TER 由 7.81 降低至 4.62。此外，热电联供效
率 η_{CHP} 略有上升，这是由于虽然系统出口温度略有上升，但过量空气系
数减小，从而使整个系统的对外热损失降低。

　　虽然系统的发电效率只有 10%~16%，但系统的热电联供效率可达 90%。
图 6.4 为基于当量比为 2.0 时的系统计算结果所绘制的能流图，可以看
到，由于燃料的化学能在富燃燃烧中有 35.5%转化为热能，此外，电化

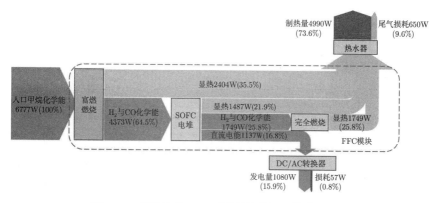

图 6.4　当量比为 2.0 时系统能流图（前附彩图）

学反应和未发生电化学反应的 H_2 与 CO 的燃烧也释放大量的热能,所以,入口甲烷化学能经由 FFC 模块后仅有 16.8%转化为电能,而有 83.2%转化为热能。FFC 模块产生的直流电能进一步通过 DC/AC 转换器转化为交流电,为用户供电,期间损耗为 0.8%的入口能量。FFC 模块产生的热烟气经由热水器与冷水换热,为用户制热,由于系统出口尾气约为 430 K,尾气排出造成的热损失为入口能量的 9.6%。由系统分析结果可以看出,基于 FFC 的系统热电比 TER 较高,此系统适用于用热需求远高于用电需求的场合。

2. 燃料利用率 U_f 对系统性能的影响

在本节研究中,保持当量比 ϕ 为 1.6,设置 SOFC 电堆燃料利用率 U_f 分别为 50%,60%与 70%,对系统性能进行模拟计算。与 6.2.1 节中第 1 点的讨论类似,调控阴极空气流量以维持 SOFC 电堆工作温度为 1123 K,模拟计算的结果如表 6.6 所示。

表 6.6　燃料利用率 U_f 对系统性能的影响

U_f/%		50	60	70
SOFC 性能	e_{air}	3.01	3.23	3.55
	P_{DC}/W	810	915	970
	$\eta_{SOFC,E}$	0.25	0.28	0.30
系统性能	P_{AC}/W	770	869	922
	$T_{h,out}$/K	429	425	420
	TER	6.24	5.96	5.56
	η_{CHP}	0.82	0.89	0.89
	$\eta_{Sy,E}$	0.11	0.13	0.14

从表 6.6 中可以看出,燃料利用率 U_f 上升,SOFC 电堆的发电功率上升,从而提高了 SOFC 电堆和系统的发电效率。此外,由于燃烧产物中更多的 CO 与 H_2 被用于发电而非制热,当 U_f 增大时,系统 TER 减小。燃料利用率增加时,SOFC 电堆的电流密度增大,从而导致电堆放热增加,因此需要通入更多阴极空气以冷却电堆,即阴极过量空气系数增加。当 U_f 由 50%增大至 60%时,系统的热电联供效率 η_{CHP} 由 82%增大至 89%,但当 U_f 继续增大至 70%时,η_{CHP} 几乎保持不变。模拟结果表明,SOFC 电堆

燃料利用率的增加主要影响系统的发电功率,而对系统的联供效率影响较小。

6.2.2　案例分析

为了研究基于 FFC 的冷热电三联供系统在单个家庭中应用的可行性,本节分别选取了我国两个具有代表性的城市作为案例分析,分别用香港夏季和北京冬季单个家庭的能耗数据代表我国南方与北方的典型能耗。

1. 香港夏季

由于香港夏季气候炎热潮湿,空调制冷是家庭能耗中最主要的部分。本节将单个香港家庭在夏季的典型能耗分为三个部分:空调制冷 $\dot{Q}_c$、提供热水 $\dot{Q}_h$ 和除空调制冷之外的耗电 P_{AC}。根据文献中调查所得的数据 [175-176],该三部分能耗的比值为

$$\dot{Q}_c : \dot{Q}_h : P_{AC} = 9.25 : 1 : 1.84 \tag{6-53}$$

本章构建的三联供系统利用吸收式制冷器制冷;利用热水器制热;利用 SOFC 微管堆发电。为了更好地满足单个家庭的能耗并平衡制冷、制热和发电的比例,在系统模拟中给定了一系列优化后的操作条件,见表 6.7。从表中可以看出,系统可为单个家庭提供 920 W 的电,且制冷量、制热量与发电量之比为 9.84:1:1.83,可以满足单个香港家庭夏季的能耗。此外,需要指出的是,基于 FFC 的联供系统 TER 相对较高,采用热量驱动的吸收式制冷器相比于采用电力驱动的制冷器是更适用于此系统的制冷方式,因此,基于 FFC 的冷热电联供系统适用于制冷是主要终端能耗的场合。

表 6.7　基于香港夏季单个家庭典型能耗所设置的系统优化操作条件

数值类型	参数	数值
	入口 CH_4 流量/(kg/s)	1.35×10^{-4}
	入口空气流量/(kg/s)	1.45×10^{-3}
	当量比 ϕ	1.6
输入参数	SOFC 电堆温度/K	1173
	燃料利用率 U_f/%	70
	电堆压力/Pa	1.013×10^5
	燃烧器压力/Pa	1.013×10^5

续表

数值类型	参数	数值
输入参数	热水器入口冷水温度 $T_{c,in}/K$	313
	热水器出口热水温度 $T_{c,out}/K$	363
	FFC 模块出口尾气用于制热部分的质量分数/%	9.8
计算结果	过量空气系数 e_{air}	3.55
	热水器热水流量/(kg/s)	2.45×10^{-3}
	热水器出口烟气温度 $T_{h,out}/K$	420
	吸收式制冷器出口烟气温度 $T'_{h,out}/K$	410
	吸收式制冷器 COP	1.005
	制冷量 $\dot{Q}_c/W$	4944
	制热量 $\dot{Q}_h/W$	502
	发电量 P_{AC}/W	922
	系统发电效率 $\eta_{Sy,E}$	0.136
	系统三联供效率 η_{CCHP}	0.940

2. 北京冬季

不同于香港，北京冬季寒冷干燥，因此，制热是北京冬季家庭能耗中最主要的部分。由文献调查所得的数据表明 [177]，北京单个家庭冬季典型能耗的 TER 为 5.25。与香港夏季中的分析过程类似，基于所需的 TER，在系统模拟中给定了一系列优化后的操作条件以满足北京冬季单个家庭能耗，见表 6.8。当 $\phi = 1.75$ 且 $U_f = 60\%$ 时，系统制热量与发电量分别为 5086 W 与 972 W，系统热电联供效率为 89.4%，热电比 TER 为 5.23，因此该系统可满足单个北京家庭冬季的能耗。

表 6.8　基于北京冬季单个家庭典型能耗所设置的系统优化操作条件

数值类型	参数	数值
输入参数	入口 CH_4 流量/(kg/s)	1.35×10^{-4}
	入口空气流量/(kg/s)	1.32×10^{-3}
	当量比 ϕ	1.75
	SOFC 电堆温度/K	1173
	燃料利用率 $U_f/\%$	60
	电堆压力/Pa	1.013×10^5

续表

数值类型	参数	数值
输入参数	燃烧器压力/Pa	1.013×10^5
	热水器入口冷水温度 $T_{c,in}$/K	313
	热水器出口热水温度 $T_{c,out}$/K	363
计算结果	过量空气系数 e_{air}	2.61
	热水器热水流量/(kg·s^{-1})	2.48×10^{-2}
	热水器出口烟气温度 $T_{h,out}$/K	429
	制热量 $\dot{Q}_h$/W	5086
	发电量 P_{AC}/W	972
	系统发电效率 $\eta_{Sy,E}$	0.143
	系统三联供效率 η_{CCHP}	0.894
	TER	5.23

由上述针对香港夏季和北京冬季能耗的系统案例分析可以看到, 基于 FFC 的微型三联供系统可以满足两种不同气候下的单个家庭的制热、制冷和用电需求。通过调节主要操作条件参数包括富燃当量比、SOFC 电堆燃料利用率和 FFC 尾气用于制热部分的比例, 可调节系统制热、制冷和发电的比例, 从而满足不同的能耗需求。需要指出的是, 本章构建系统的热电比 TER 为 4~8, 不仅适用于供热需求占主导地位的寒冷地区, 吸收式制冷器的引入使系统同样适用于制冷需求大的炎热地区。

6.2.3　不同系统构型比较

为了研究系统部件对系统性能的影响, 本节将讨论三种不同的系统构型, 即① 热电联供, ② 冷电联供, ③ 冷热电三联供。本节计算过程中保持 $\phi = 1.6$、$U_f = 70\%$, 调控 FFC 模块尾气用于制热与制冷的比例来实现不同的系统构型, 计算结果见表 6.9。由表中可看出, 当系统用于热电联供时的效率为 89.2%, 低于系统用于冷电联供时的效率 96.5%。此外, 当系统用于冷热电三联供时, 系统的联供效率随系统制热比例增大而下降。其原因是双效吸收式制冷器的 COP 为 1.005, 即制冷量大于输入的热量, 当系统制冷比例增大时, 系统整体可以为外界提供更多的能量, 从而其总效率更高。从系统总效率的角度出发, 提高制冷量的比例有助于提升系统的效率, 但由于双效吸收式制冷器相比于热水器较为昂贵, 对于三联供系统的整体优化设计需要更加详细的系统技术经济分析。

表 6.9　　不同系统构型下的系统性能

系统构型		制热量/W	制冷量/W	发电量/W	系统效率/%
两联供	热电	5124	0	922	89.2
	冷电	0	5615	922	96.5
三联供	20%热 +80%冷 + 电	1025	4329	922	93.4
	50%热 +50%冷 + 电	2740	2562	922	91.9
	80%热 +20%冷 + 电	4100	1096	922	90.3

6.3　本 章 小 结

本章基于 gPROMS 平台，构建了耦合火焰燃料电池子模块、热水器子模块和双效吸收式制冷器子模块的微型冷热电三联供系统模型，以应用于单个家庭的制冷、制热和发电，主要结论如下。

（1）研究了系统操作条件参数即富燃当量比与 SOFC 电堆的燃料利用率对系统性能和热电比的影响。当量比或燃料利用率增加，系统发电效率增加，TER 降低。

（2）虽然系统发电效率低于 20%，但系统联供效率可达 90%，因此，基于 FFC 的系统更适用于热电/热电冷联供场合而非单独用于发电。

（3）基于香港夏季和北京冬季单个家庭的典型能耗，对系统的操作条件参数进行了优化，该系统可满足单个家庭的制冷、制热和用电需求，证实了本章构建的系统可满足不同气候条件下能耗需求的技术可行性。

（4）研究了不同联供类型（热电、冷电、冷热电）对系统性能的影响，提升制冷比例可提升系统的联供效率。

第 7 章　总结与展望

7.1　全书总结

固体氧化物火焰燃料电池将富燃火焰与 SOFC 直接耦合，在天然气分布式供能系统中极具应用前景。本书采用实验测试与数值模拟相互结合的方式，分别针对 FFC 中的燃料电池、富燃火焰、电池单元和系统进行深入研究。设计搭建了从平板式电池到微管式电池单元及电堆等一系列实验测试平台，获得了运行工况对燃烧器富燃产物、FFC 启动特性和电池电化学性能的影响规律。针对富燃燃烧和燃料电池开发了从基元反应模型到系统层面的多尺度多物理场耦合模型，分析了火焰燃料电池中复杂的流动、传热、传质和反应过程，掌握了富燃火焰与燃料电池的耦合特性和性能优化策略。研究结果为电池选型、燃烧器性能优化、电池单元性能优化和系统集成设计奠定了理论基础和实验依据，得出的主要研究结论如下：

（1）开发了火焰燃料电池热应力模型，分析了火焰燃料电池启动过程中电池的热应力分布与失效概率。在模型基础上，设计搭建了基于 Hencken 型平焰燃烧器的 FFC 实验系统，研究了平板式 SOFC 和微管式 SOFC 在火焰操作条件下的启动与运行特性。

火焰燃料电池中由于电池直接被火焰加热，其快速的升温会导致沿 SOFC 厚度方向产生较大的温度梯度，使电池失效概率比传统 SOFC 提高了 2~6 个量级。通过模型预测与实验验证指出，阳极支撑微管式 SOFC 有良好的抗热震性，是一种适用于 FFC 的电池构型，有利于实现 FFC 的快速启动。

Hencken 型平焰燃烧器可为 FFC 的运行提供平面方向均匀的温度场，避免电池长度方向的温差，适用于电池抗热震性的研究，但为了保证火焰无碳烟且稳定，最大当量比不能超过 1.3，限制了富燃重整效率的提升，在实际应用中有一定的局限性。

（2）设计搭建了催化增强两段式多孔介质燃烧器以提高富燃重整效率，针对甲烷在其中的富燃燃烧开发了多物理场耦合模型，研究了催化增强多孔介质燃烧器中甲烷的富燃燃烧特性与反应机理。

本书设计搭建了催化增强的两段式多孔介质燃烧器，对甲烷在其中的富燃燃烧特性开展了实验研究，掌握了主要操作条件参数（入口气体流速及当量比）对甲烷稳定富燃操作区间、火焰温度分布和出口组分的影响规律。甲烷在多孔介质燃烧器内的富燃重整效率最高可达到 50.0%，远高于以往 FFC 研究中燃烧器的富燃重整效率。通过下游担载 Ni 催化剂进一步促进了甲烷到 H_2 的转化，在相同工况下，甲烷到 H_2 的重整效率可提升 31.3%。

综合考虑多孔介质内的流动、传热传质过程及火焰区的均相化学反应和催化剂表面的非均相化学反应，建立了催化增强多孔介质燃烧器中甲烷富燃燃烧的一维基元反应模型，模型计算结果与实验结果吻合程度较高。模拟计算结果表明，反应器内存在均相化学反应与非均相化学反应的竞争耦合作用，均相化学反应为非均相化学反应的发生提供了高温环境，非均相化学反应的放热相对于均相化学反应可忽略。在催化剂区域，非均相化学反应占有主导地位。利用模型研究了燃烧器结构设计参数对甲烷富燃燃烧特性的影响，并在实验中利用该结论对燃烧器进行了进一步优化。

（3）基于微管式 SOFC 和多孔介质燃烧器，实现了火焰燃料电池单元和电堆的设计搭建与稳定运行，建立了 FFC 电池单元模型，分析了富燃火焰与燃料电池的耦合特性。

本书设计搭建了基于微管式 SOFC 与多孔介质燃烧器的火焰燃料电池单元反应器，利用多孔介质内甲烷的富燃燃烧为微管式 SOFC 的运行提供了适宜的组分场与温度场，在 0.7 V 电压下，FFC 电池单元最大发电功率达到 1.5 W。在电池单元的基础上，实现了 FFC 电堆的设计与运行，通过引入扩口结构，使 SOFC 的燃料利用率提升一个数量级，4 根并联 SOFC 电堆的最大发电功率达到 3.6 W，发电效率达到 6%。

开发了二维轴对称 FFC 电池单元模型，耦合了化学反应与电化学反应，并考虑了多孔介质和电池内部的流动、传热、传质过程，利用不同当量比下的 FFC 电池单元实验测试数据对模型进行了验证。利用该模型对多孔介质富燃火焰与 SOFC 阳极的耦合作用机制进行了分析，电池阳极 Ni、电化学反应放热和产物 H_2O 促进了富燃火焰重整区内 CH_4 与 CO 到 H_2 的转化。

（4）构建了基于 FFC 的微型冷热电三联供系统，对系统的稳态运行特性进行了模拟分析。

本书构建了耦合火焰燃料电池子模块、热水器子模块和双效吸收式制冷器子模块的微型冷热电三联供系统模型，对系统进行了参数敏感性分析，指出当当量比或电堆燃料的利用率增加时，系统的发电效率增加，而热电比降低。系统的发电效率不足 20%，但联供效率可达 90%，明确了 FFC 的应用场合为热电/热电冷联供。

针对香港夏季和北京冬季单个家庭的能耗需求，对系统进行了操作条件参数优化，验证该系统满足单个家庭能耗的技术可行性。通过研究不同联供类型对系统性能的影响，确定提高制冷比例可以提升系统的联供效率。

7.2　主要特色和创新点

（1）对火焰操作条件下电池的热应力和失效概率进行了定量分析，利用微管式 SOFC 抗热震性能好的优势，改善了火焰燃料电池的启动特性。

（2）采用催化增强的两段式多孔介质燃烧器产生甲烷富燃火焰，结合多孔介质燃烧内部热回流与催化燃烧降低反应活化能的优势，提高了甲烷重整效率。

（3）基于多孔介质燃烧器与微管式 SOFC 的流动与传热特性，完成了火焰燃料电池 4 管电堆的设计与稳定运行。

（4）所建立的模型为多尺度、多物理场耦合的基元反应模型，全面考虑火焰均相反应、燃烧器催化剂表面与电极催化剂表面非均相反应、三相界面电荷转移反应和电池单元的流动、传热与传质过程，成功应用于 FFC 内反应机理鉴别与反应器性能优化设计。

（5）构建了基于 FFC 的微型冷热电三联供系统，系统联供效率可达 90%，获得了系统的稳态运行策略。

7.3　工作展望

本书针对固体氧化物火焰燃料电池的反应机理、性能优化和系统分析等方面开展了一系列的研究，为 FFC 在天然气分布式供能系统中的应用奠定了一定的理论基础。在本书基础上，还可对以下几个方面开展深入研究。

（1）改进火焰燃料电池的热管理

目前研究中由于管式 SOFC 轴向方向存在温度梯度，不利于 SOFC 的长期运行。下一步研究中可改进沿电池轴向方向的热管理，如引入热管等导热良好的介质以增强 SOFC 区域的导热，将电池高温区的热量迅速传导至低温区，以减小轴向温差。

（2）电堆规模放大

本研究中成功实现了 FFC 中 4 管并联电堆的稳定运行，虽然管堆温度场与组分场在平面方向分布较为均匀，本书测试的 4 管管堆可在一定程度上代表整个管堆的电化学性能，但在电堆放大过程中还会涉及管堆串并联、固定等多方面问题，因此，需针对火焰燃料电池构型的特点对管堆规模放大中的问题进行综合考虑。设计中可考虑采用模块化构型，将多管并联后组成一个模块，在多个模块之间进行串联，以获得较高的电压。

（3）系统动态特性和技术经济性分析

本书基于 gPROMS 平台，针对基于 FFC 的微型冷热电联供系统模型的稳态运行特性进行了分析，但由于在分布式供能系统中，系统需要针对用户需求进行动态调节，所以，需针对该系统的动态运行特性进行进一步的深入分析。此外，在系统模型的基础上，还需开展技术经济性分析，对 FFC 微型冷热电三联供系统在家用领域的经济可行性进行分析。

（4）基于火焰燃料电池的微型冷热电联供示范系统样机研发

本书构建了基于火焰燃料电池的微型冷热电联供系统模型，在理论上验证了该系统的技术可行性。在本书实验研究与系统模型分析的基础上，需进一步完成基于 FFC 的微型冷热电联供模块的设计、集成，构建以甲烷为燃料的微型冷热电联供示范系统样机，推动其在分布式供能系统中的实际应用。

参 考 文 献

[1] 别祥, 韩光泽. 天然气冷热电三联供系统热力学分析 [J]. 化学工程, 2010, (1): 57-62.

[2] O'HAYRE R, CHA S W, PRINZ F B, et al. Fuel cell fundamentals[M]. New York: John Wiley & Sons, 2016.

[3] MEKHILEF S, SAIDUR R, SAFARI A. Comparative study of different fuel cell technologies[J]. Renewable and Sustainable Energy Reviews, 2012, 16(1): 981-989.

[4] EGUCHI S. ENE.FARM fuel cell systems for residential use [EB/OL]. [2016-11-13]. http: //goo.gl/yWHK5r.

[5] SINGHAL S C, KENDALL K. High-temperature solid oxide fuel cells: Fundamentals, design and applications[M]. Amsterdam: Elsevier, 2003.

[6] LARMINIE J, DICKS A, MCDONALD M S. Fuel cell systems explained[M]. New York: John Wiley & Sons, 2003.

[7] STEELE B C, HEINZEL A. Materials for fuel-cell technologies[J]. Nature, 2001, 414(6861): 345-352.

[8] MINH N Q. Solid oxide fuel cell technology–features and applications[J]. Solid State Ionics, 2004, 174(1): 271-277.

[9] HORIUCHI M, SUGANUMA S, WATANABE M. Electrochemical power generation directly from combustion flame of gases, liquids, and solids[J]. Journal of the Electrochemical Society, 2004, 151(9): A1402-A1405.

[10] ZHU X, WEI B, LU Z, et al. A direct flame solid oxide fuel cell for potential combined heat and power generation[J]. International Journal of Hydrogen Energy, 2012, 37(10): 8621-8629.

[11] VOGLER M, BARZAN D, KRONEMAYER H, et al. Direct-flame solid-oxide fuel cell (DFFC): A thermally self-sustained, air self-breathing, hydrocarbon-operated SOFC system in a simple, no-chamber setup[J]. ECS

Transactions, 2007, 7(1): 555-564.

[12] HECHT E S, GUPTA G K, ZHU H, et al. Methane reforming kinetics within a Ni-YSZ SOFC anode support[J]. Applied Catalysis A: General, 2005, 295(1): 40-51.

[13] HORIUCHI M, KATAGIRI F, YOSHIIKE J, et al. Performance of a solid oxide fuel cell couple operated via in situ catalytic partial oxidation of n-butane[J]. Journal of Power Sources, 2009, 189(2): 950-957.

[14] ENDO S, NAKAMURA Y. Power generation properties of direct flame fuel cell (DFFC)[J]. Journal of Physics: Conference Series, 2014, 557(1): 012119.

[15] KRONEMAYER H, BARZAN D, HORIUCHI M, et al. A direct-flame solid oxide fuel cell (DFFC) operated on methane, propane, and butane[J]. Journal of Power Sources, 2007, 166(1): 120-126.

[16] VOGLER M, HORIUCHI M, BESSLER W G. Modeling, simulation and optimization of a no-chamber solid oxide fuel cell operated with a flat-flame burner[J]. Journal of Power Sources, 2010, 195(20): 7067-7077.

[17] WANG K, ZENG P, AHN J. High performance direct flame fuel cell using a propane flame[J]. Proceedings of the Combustion Institute, 2011, 33(2): 3431-3437.

[18] WANG K. An experimental study of flame-assisted fuel cells[D]. Syracuse: Syracuse University, 2014.

[19] WANG K, MILCAREK R J, ZENG P, et al. Flame-assisted fuel cells running methane[J]. International Journal of Hydrogen Energy, 2015, 40(13): 4659-4665.

[20] MILCAREK R J, WANG K, FALKENSTEIN-SMITH R L, et al. Micro-tubular flame-assisted fuel cells for micro-combined heat and power systems[J]. Journal of Power Sources, 2016, 306: 148-151.

[21] MILCAREK R J, GARRETT M J, WANG K, et al. Micro-tubular flame-assisted fuel cells running methane[J]. International Journal of Hydrogen Energy, 2016, 41(45): 20670-20679.

[22] HOSSAIN M M, MYUNG J, LAN R, et al. Study on direct flame solid oxide fuel cell using flat burner and ethylene flame[J]. ECS Transactions, 2015, 68(1): 1989-1999.

[23] SUN L, HAO Y, ZHANG C, et al. Coking-free direct-methanol-flame fuel cell with traditional nickel-cermet anode[J]. International Journal of Hydrogen

Energy, 2010, 35(15): 7971-7981.

[24] WANG K, RAN R, HAO Y, et al. A high-performance no-chamber fuel cell operated on ethanol flame[J]. Journal of Power Sources, 2008, 177(1): 33-39.

[25] ZHU X, LUE Z, WEI B, et al. Direct flame SOFCs with La0.75Sr0.25Cr0.5Mn0.5O3-delta/Ni coimpregnated yttria-stabilized zirconia anodes operated on liquefied petroleum gas flame[J]. Journal of the Electrochemical Society, 2010, 157(12): B1838-B1843.

[26] WATANABE N, OOE T, ISHIHARA T. Design of thermal self supported 700 W class, solid oxide fuel cell module using, LSGM thin film micro tubular cells[J]. Journal of Power Sources, 2012, 199: 117-123.

[27] KENDALL K, MEADOWCROFT A. Improved ceramics leading to micro-tubular Solid Oxide Fuel Cells (mSOFCs)[J]. International Journal of Hydrogen Energy, 2013, 38(3): 1725-1730.

[28] DHIR A, KENDALL K. Microtubular SOFC anode optimisation for direct use on methane[J]. Journal of Power Sources, 2008, 181(2): 297-303.

[29] KENDALL K. Progress in microtubular solid oxide fuel cells[J]. International Journal of Applied Ceramic Technology, 2010, 7(1): 1-9.

[30] 杨乃涛, 申义驰, 延威, 等. 微管式固体氧化物燃料电池阳极微结构及其性能 [J]. 无机材料学报, 2014, (12): 1246-1252.

[31] SAMMES N M, DU Y, BOVE R. Design and fabrication of a 100 W anode supported micro-tubular SOFC stack[J]. Journal of Power Sources, 2005, 145(2): 428-434.

[32] BUJALSKI W, DIKWAL C M, KENDALL K. Cycling of three solid oxide fuel cell types[J]. Journal of Power Sources, 2007, 171(1): 96-100.

[33] LAW C K. Combustion physics[M]. Cambridge: Cambridge University Press, 2006.

[34] LAURENCIN J, DELETTE G, LEFEBVRE-JOUD F, et al. A numerical tool to estimate SOFC mechanical degradation: Case of the planar cell configuration[J]. Journal of the European Ceramic Society, 2008, 28(9): 1857-1869.

[35] NAKAJO A, STILLER C, HÄRKEGÅRD G, et al. Modeling of thermal stresses and probability of survival of tubular SOFC[J]. Journal of Power Sources, 2006, 158(1): 287-294.

[36] SELIMOVIC A, KEMM M, TORISSON T, et al. Steady state and transient

thermal stress analysis in planar solid oxide fuel cells[J]. Journal of Power Sources, 2005, 145(2): 463-469.

[37] MOLINA A, SHADDIX C R. Ignition and devolatilization of pulverized bituminous coal particles during oxygen/carbon dioxide coal combustion[C]//Proceedings of the Combustion Institute. [S.l.: s.n.], 2007, 31(2): 1905-1912.

[38] MURPHY J J, SHADDIX C R. Combustion kinetics of coal chars in oxygen-enriched environments[J]. Combustion and Flame, 2006, 144(4): 710-729.

[39] SHADDIX C R, MOLINA A. Particle imaging of ignition and devolatilization of pulverized coal during oxy-fuel combustion[C]//Proceedings of the Combustion Institute. [S.l.: s.l.], 2009, 32(2): 2091-2098.

[40] EYK P J, ASHMAN P J, ALWAHABI Z T, et al. Quantitative measurement of atomic sodium in the plume of a single burning coal particle[J]. Combustion and Flame, 2008, 155(3): 529-537.

[41] WOOLDRIDGE M S, TOREK P V, DONOVAN M T, et al. An experimental investigation of gas-phase combustion synthesis of SiO_2 nanoparticles using a multi-element diffusion flame burner[J]. Combustion and Flame, 2002, 131(1): 98-109.

[42] YUAN Y, LI S, YAO Q. Dynamic behavior of sodium release from pulverized coal combustion by phase-selective laser-induced breakdown spectroscopy[C]//Proceedings of the Combustion Institute. [S.l.:s.l.], 2015, 35(2): 2339-2346.

[43] 程乐鸣, 岑可法, 周昊, 等. 多孔介质燃烧理论与技术 [M]. 北京: 化学工业出版社, 2012.

[44] MUJEEBU M A, ABDULLAH M Z, ABU BAKAR M Z, et al. Combustion in porous media and its applications-a comprehensive survey[J]. Journal of Environmental Management, 2009, 90(8): 2287-2312.

[45] MUJEEBU M A, ABDULLAH M Z, ABU BAKAR M Z, et al. Applications of porous media combustion technology-a review[J]. Applied Energy, 2009, 86(9): 1365-1375.

[46] WOOD S, HARRIS A T. Porous burners for lean-burn applications[J]. Progress in Energy and Combustion Science, 2008, 34(5): 667-684.

[47] VOSS S, MENDES M, PEREIRA J, et al. Investigation on the thermal flame thickness for lean premixed combustion of low calorific H_2/CO mixtures

within porous inert media[C]//Proceedings of the Combustion Institute. [S.l.: s.l.], 2013, 34(2): 3335-3342.

[48] 郑成航. 低热值气体多孔介质燃烧机理与工业化 [D]. 杭州: 浙江大学, 2011.

[49] DOBREGO K V, GNESDILOV N N, LEE S H, et al. Lean combustibility limit of methane in reciprocal flow filtration combustion reactor[J]. International Journal of Heat and Mass Transfer, 2008, 51(9): 2190-2198.

[50] AL-HAMAMRE Z, DIEZINGER S, TALUKDAR P, et al. Combustion of low calorific gases from landfills and waste pyrolysis using porous medium burner technology[J]. Process Safety and Environmental Protection, 2006, 84(4): 297-308.

[51] AL-ATTAB K, HO J C, ZAINAL Z. Experimental investigation of submerged flame in packed bed porous media burner fueled by low heating value producer gas[J]. Experimental Thermal and Fluid Science, 2015, 62: 1-8.

[52] KENNEDY L, SAVELIEV A, BINGUE J, et al. Filtration combustion of a methane wave in air for oxygen-enriched and oxygen-depleted environments[C]//Proceedings of the Combustion Institute. [S.l.: s.l.], 2002, 29(1): 835-841.

[53] 陈晓婷. 外界辐射对浸没在多孔介质中液体燃料燃烧特性的实验研究 [D]. 北京: 中国科学院工程热物理研究所, 2007.

[54] YU B, KUM S M, LEE C E, et al. Combustion characteristics and thermal efficiency for premixed porous-media types of burners[J]. Energy, 2013, 53: 343-350.

[55] 高怀斌. 双层多孔介质内预混燃烧的实验和数值模拟研究 [D]. 西安: 西安交通大学, 2013.

[56] 姜海. 多孔介质内预混气体燃烧的实验和数值研究 [D]. 合肥: 中国科学技术大学, 2008.

[57] SHI J R, YU C M, LI B W, et al. Experimental and numerical studies on the flame instabilities in porous media[J]. Fuel, 2013, 106: 674-681.

[58] 高阳. 多孔介质内层流与湍流气相燃烧的数值模拟 [D]. 大连: 大连理工大学, 2012.

[59] 刘慧. 多孔介质内预混气体燃烧的实验和数值模拟研究 [D]. 沈阳: 东北大学, 2010.

[60] 郑中青. 天然气在惰性多孔介质内预混燃烧的数值模拟研究 [D]. 上海: 上海交通大学, 2007.

[61] MORAGA N O, ROSAS C E, BUBNOVICH V I, et al. On predicting two-dimensional heat transfer in a cylindrical porous media combustor[J]. International Journal of Heat and Mass Transfer, 2008, 51(1): 302-311.

[62] DOBREGO K, KOZLOV I, BUBNOVICH V, et al. Dynamics of filtration combustion front perturbation in the tubular porous media burner[J]. International Journal of Heat and Mass Transfer, 2003, 46(17): 3279-3289.

[63] ELLZEY J L, GOEL R. Emissions of CO and NO from a two stage porous media burner[J]. Combustion science and technology, 1995, 107(1-3): 81-91.

[64] GNESDILOV N, DOBREGO K, KOZLOV I. Parametric study of recuperative VOC oxidation reactor with porous media[J]. International Journal of Heat and Mass Transfer, 2007, 50(13): 2787-2794.

[65] KERAMIOTIS C, STELZNER B, TRIMIS D, et al. Porous burners for low emission combustion: An experimental investigation[J]. Energy, 2012, 45(1): 213-219.

[66] BINGUE J P, SAVELIEV A, KENNEDY L A. Optimization of hydrogen production by filtration combustion of methane by oxygen enrichment and depletion[J]. International Journal of Hydrogen Energy, 2004, 29(13): 1365-1370.

[67] DOBREGO K V, GNESDILOV N N, LEE S H, et al. Overall chemical kinetics model for partial oxidation of methane in inert porous media[J]. Chemical Engineering Journal, 2008, 144(1): 79-87.

[68] BINGUE J P. Filtration combustion of methane and hydrogen sulfide in inert porous media[D]. Chicago: University of Illinois at Chicago, 2003.

[69] 位纯知. 多孔介质反应器中富燃料燃烧制氢的研究 [D]. 广州: 华南理工大学, 2011.

[70] KENNEDY L A, BINGUE J P, SAVELIEV A V, et al. Chemical structures of methane-air filtration combustion waves for fuel-lean and fuel-rich conditions[C]//Proceedings of the Combustion Institute. [S.l.: s.n.], 2000, 28(1): 1431-1438.

[71] AL-HAMAMRE Z, VOSS S, TRIMIS D. Hydrogen production by thermal partial oxidation of hydrocarbon fuels in porous media based reformer[J]. International Journal of Hydrogen Energy, 2009, 34(2): 827-832.

[72] TOLEDO M, BUBNOVICH V, SAVELIEV A, et al. Hydrogen production in ultrarich combustion of hydrocarbon fuels in porous media[J]. International

Journal of Hydrogen Energy, 2009, 34(4): 1818-1827.

[73] BINGUE J P, SAVELIEV A V, FRIDMAN A A, et al. Hydrogen production in ultra-rich filtration combustion of methane and hydrogen sulfide[J]. International Journal of Hydrogen Energy, 2002, 27(6): 643-649.

[74] DOBREGO K V, GNEZDILOV N N, LEE S H, et al. Partial oxidation of methane in a reverse flow porous media reactor. Water admixing optimization[J]. International Journal of Hydrogen Energy, 2008, 33(20): 5535-5544.

[75] PEDERSEN-MJAANES H, CHAN L, MASTORAKOS E. Hydrogen production from rich combustion in porous media[J]. International Journal of Hydrogen Energy, 2005, 30(6): 579-592.

[76] PEDERSEN-MJAANES H. Hydrogen production from rich combustion inside porous media[D]. Cambridge: University of Cambridge, 2006.

[77] DHAMRAT R S, ELLZEY J L. Numerical and experimental study of the conversion of methane to hydrogen in a porous media reactor[J]. Combustion and Flame, 2006, 144(4): 698-709.

[78] TOLEDO M G, UTRIA K S, GONZÁLEZ F A, et al. Hybrid filtration combustion of natural gas and coal[J]. International Journal of Hydrogen Energy, 2012, 37(8): 6942-6948.

[79] 凌忠钱. 多孔介质内超绝热燃烧及硫化氢高温裂解制氢的试验研究和数值模拟[D]. 杭州: 浙江大学, 2008.

[80] AL-HAMAMRE Z, AL-ZOUBI A. The use of inert porous media based reactors for hydrogen production[J]. International Journal of Hydrogen Energy, 2010, 35(5): 1971-1986.

[81] HSU P F, HOWELL J, MATTHEWS R. A numerical investigation of premixed combustion within porous inert media[J]. Journal of Heat Transfer, 1993, 115(3): 744-750.

[82] BABKIN V, KORZHAVIN A, BUNEV V. Propagation of premixed gaseous explosion flames in porous media[J]. Combustion and Flame, 1991, 87(2): 182-190.

[83] BARRA A J, DIEPVENS G, ELLZEY J L, et al. Numerical study of the effects of material properties on flame stabilization in a porous burner[J]. Combustion and Flame, 2003, 134(4): 369-379.

[84] BUBNOVICH V, TOLEDO M, HENRÍQUEZ L, et al. Flame stabilization between two beds of alumina balls in a porous burner[J]. Applied Thermal

Engineering, 2010, 30(2): 92-95.

[85]　AKBARI M, RIAHI P, ROOHI R. Lean flammability limits for stable performance with a porous burner[J]. Applied Energy, 2009, 86(12): 2635-2643.

[86]　GAO H B, QU Z G, TAO W Q, et al. Experimental investigation of methane/(Ar, N_2, CO_2)-air mixture combustion in a two-layer packed bed burner[J]. Experimental Thermal and Fluid Science, 2013, 44: 599-606.

[87]　GAO H B, QU Z G, HE Y L, et al. Experimental study of combustion in a double-layer burner packed with alumina pellets of different diameters[J]. Applied Energy, 2012, 100: 295-302.

[88]　PICKENACKER O, TRIMIS D. Experimental study of a staged methane/air burner based on combustion in a porous inert medium[J]. Journal of Porous Media, 2001, 4(3).

[89]　GAO H, QU Z, FENG X, et al. Combustion of methane/air mixtures in a two-layer porous burner: A comparison of alumina foams, beads, and honeycombs[J]. Experimental Thermal and Fluid Science, 2014, 52: 215-220.

[90]　VOGEL B J, ELLZEY J L. Subadiabatic and superadiabatic performance of a two-section porous burner[J]. Combustion Science and Technology, 2005, 177(7): 1323-1338.

[91]　BRENNER G, PICKENÄCKER K, PICKENÄCKER O, et al. Numerical and experimental investigation of matrix-stabilized methane/air combustion in porous inert media[J]. Combustion and Flame, 2000, 123(1): 201-213.

[92]　BUBNOVICH V, HENRIQUEZ L, GNESDILOV N. Numerical study of the effect of the diameter of alumina balls on flame stabilization in a porous-medium burner[J]. Numerical Heat Transfer, Part A: Applications, 2007, 52(3): 275-295.

[93]　LIU H, DONG S, LI B W, et al. Parametric investigations of premixed methane-air combustion in two-section porous media by numerical simulation[J]. Fuel, 2010, 89(7): 1736-1742.

[94]　AL-HAMAMRE Z, TRIMIS D, WAWRZINEK K. Thermal partial oxidation of methane in porous burners for hydrogen production[C]//7th International Conference on Technologies and Combustion for a Clean Environment (Clean Air VII). [S.l.: s.n.], 2003.

[95]　ALZATE-RESTREPO V, HILL J M. Carbon deposition on Ni/YSZ anodes exposed to CO/H_2 feeds[J]. Journal of Power Sources, 2010, 195(5): 1344-

1351.

[96] LIU Y, WANG S, QIAN J, et al. A novel catalytic layer material for direct dry methane solid oxide fuel cell[J]. International Journal of Hydrogen Energy, 2013, 38(32): 14053-14059.

[97] MUELLER K T. Super-adiabatic combustion in porous media with catlyatic enhancement for thermoelectric power conversion[D]. Orlando: University of Central Florida, 2011.

[98] ROBAYO M D, BEAMAN B, HUGHES B, et al. Perovskite catalysts enhanced combustion on porous media[J]. Energy, 2014, 76: 477-486.

[99] QUICENO R, PÉREZ-RAMÍREZ J, WARNATZ J, et al. Modeling the high-temperature catalytic partial oxidation of methane over platinum gauze: Detailed gas-phase and surface chemistries coupled with 3D flow field simulations[J]. Applied Catalysis A: General, 2006, 303(2): 166-176.

[100] SHABUNYA S, MARTYNENKO V, YADREVSKAYA N, et al. Modeling of the nonstationary process of conversion of methane to hydrogen in a filtration-combustion wave[J]. Journal of Engineering Physics and Thermophysics, 2001, 74(5): 1059-1066.

[101] KENNEDY L A, BINGUE J P, SAVELIEV A V, et al. Chemical structures of methane-air filtration combustion waves for fuel-lean and fuel-rich conditions[C]//Proceedings of the Combustion Institute. [S.l.: s.n.], 2000, 28(1): 1431-1438.

[102] 芦宁. 甲烷在多孔介质中过滤燃烧制取氢气的数值模拟 [D]. 大连: 大连理工大学, 2007.

[103] 赵平辉, 叶桃红, 姜海, 等. 双层多孔介质内甲烷富燃制氢过程的研究 [J]. 工程热物理学报, 2009, (9): 1609-1612.

[104] DHAMRAT R S. Conversion of methane to hydrogen in a porous media reactor[D]. Austin: The University of Texas at Austin, 2004.

[105] AL-HAMAMRE Z, AL-ZOUBI A, TRIMIS D. Numerical investigation of the partial oxidation process in porous media based reformer[J]. Combustion Theory and Modelling, 2010, 14(1): 91-103.

[106] ELLAMLA H R, STAFFELL I, BUJLO P, et al. Current status of fuel cell based combined heat and power systems for residential sector[J]. Journal of Power Sources, 2015, 293: 312-328.

[107] ALSTON T, KENDALL K, PALIN M, et al. A 1000-cell SOFC reactor for

domestic cogeneration[J]. Journal of Power Sources, 1998, 71(1): 271-274.

[108]　TOMPSETT G A, FINNERTY C, KENDALL K, et al. Novel applications for micro-SOFCs[J]. Journal of Power Sources, 2000, 86(1): 376-382.

[109]　BRAUN R J, KLEIN S A, REINDL D T. Evaluation of system configurations for solid oxide fuel cell-based micro-combined heat and power generators in residential applications[J]. Journal of Power Sources, 2006, 158(2): 1290-1305.

[110]　HAWKES A D, AGUIAR P, CROXFORD B, et al. Solid oxide fuel cell micro combined heat and power system operating strategy: Options for provision of residential space and water heating[J]. Journal of Power Sources, 2007, 164(1): 260-271.

[111]　LISO V, OLESEN A C, NIELSEN M P, et al. Performance comparison between partial oxidation and methane steam reforming processes for solid oxide fuel cell (SOFC) micro combined heat and power (CHP) system[J]. Energy, 2011, 36(7): 4216-4226.

[112]　徐晗, 党政, 白博峰. 1kW 家用 SOFC-CHP 系统建模及性能分析 [J]. 太阳能学报, 2011, 32(4): 604-610.

[113]　LISO V, ZHAO Y, BRANDON N, et al. Analysis of the impact of heat-to-power ratio for a SOFC-based mCHP system for residential application under different climate regions in Europe[J]. International Journal of Hydrogen Energy, 2011, 36(21): 13715-13726.

[114]　FARHAD S, HAMDULLAHPUR F, YOO Y. Performance evaluation of different configurations of biogas-fuelled SOFC micro-CHP systems for residential applications[J]. International Journal of Hydrogen Energy, 2010, 35(8): 3758-3768.

[115]　ZITOUNI B, ANDREADIS G M, HOCINE B M, et al. Two-dimensional numerical study of temperature field in an anode supported planar SOFC: Effect of the chemical reaction[J]. International Journal of Hydrogen Energy, 2011, 36(6): 4228-4235.

[116]　ATKINSON A, SELCUK A. Residual stress and fracture of laminated ceramic membranes[J]. Acta Materialia, 1999, 47(3): 867-874.

[117]　SELCUK A, ATKINSON A. Elastic properties of ceramic oxides used in solid oxide fuel cells (SOFC)[J]. Journal of the European Ceramic Society, 1997, 17(12): 1523-1532.

[118] ATKINSON A, SEL UK A. Mechanical behaviour of ceramic oxygen ion-conducting membranes[J]. Solid State Ionics, 2000, 134(1): 59-66.

[119] GIRAUD S, CANEL J. Young's modulus of some SOFCs materials as a function of temperature[J]. Journal of the European Ceramic Society, 2008, 28(1): 77-83.

[120] DU Y, SAMMES N M, TOMPSETT G A, et al. Extruded tubular strontium- and magnesium-doped lanthanum gallate, gadolinium-doped ceria, and yttria-stabilized zirconia electrolytes mechanical and thermal properties[J]. Journal of the Electrochemical Society, 2003, 150(1): A74-A78.

[121] HAYASHI H, SAITOU T, MARUYAMA N, et al. Thermal expansion coefficient of yttria stabilized zirconia for various yttria contents[J]. Solid State Ionics, 2005, 176(5): 613-619.

[122] HSUEH C H. Thermal stresses in elastic multilayer systems[J]. Thin Solid Films, 2002, 418(2): 182-188.

[123] LARA-CURZIO E. Durability and reliability of solid oxide fuel cells[J]. ORNL's Technical Presentation at SECA Core Technology Peer Review Workshop, Tampa, FL(US), 2005.

[124] FISCHER W, MALZBENDER J, BLASS G, et al. Residual stresses in planar solid oxide fuel cells[J]. Journal of Power Sources, 2005, 150: 73-77.

[125] ZHANG T, ZHU Q, HUANG W L, et al. Stress field and failure probability analysis for the single cell of planar solid oxide fuel cells[J]. Journal of Power Sources, 2008, 182(2): 540-545.

[126] KATO T, WANG N S, NEGISHI A, et al. Mechanical strength of planar SOFC stack[C]//Proceedings of the Third International Fuel Cell Conference, Nagoya. [S.l.: s.n.], 2003.

[127] ANANDAKUMAR G, LI N, VERMA A, et al. Thermal stress and probability of failure analyses of functionally graded solid oxide fuel cells[J]. Journal of Power Sources, 2010, 195(19): 6659-6670.

[128] NAKAJO A, WUILLEMIN Z, VAN HERLE J, et al. Simulation of thermal stresses in anode-supported solid oxide fuel cell stacks. Part I: Probability of failure of the cells[J]. Journal of Power Sources, 2009, 193(1): 203-215.

[129] LIU R, WANG S, HUANG B, et al. Dip-coating and co-sintering technologies for fabricating tubular solid oxide fuel cells[J]. Journal of Solid State Electrochemistry, 2009, 13(12): 1905-1911.

[130] 李汶颖. 固体氧化物电解池共电解二氧化碳和水机理及性能研究 [D]. 北京: 清华大学, 2015.

[131] SHAO L, WANG S, QIAN J, et al. Optimization of the electrode-supported tubular solid oxide cells for application on fuel cell and steam electrolysis[J]. International Journal of Hydrogen Energy, 2013, 38(11): 4272-4280.

[132] TRIMIS D, WAWRZINEK K. Flame stabilization of highly diffusive gas mixtures in porous inert media[J]. Journal of Computational and Applied Mechanics, 2004, 5(2): 367-381.

[133] MCADAMS W H. Heat transmission[J]. Technical report, 1954.

[134] SAID A S. Theory and mathematics of chromatography[M]. Heideberg: Hüthig, 1981.

[135] 余仲建. 分离度的探讨 [J]. 色谱, 1988, 6(2): 87-95.

[136] SHEKHAWAT II D, SPIVEY J J, BERRY D A, et al. Fuel cells: Technologies for fuel processing[M]. Amsterclam: Elsevier, 2011.

[137] KOESTER G E. Propagation of wave-like unstabilized combustion fronts in inert porous media[D]. Columbus: The Ohio State University, 1997.

[138] ZHENG C, CHENG L, BINGUE J P, et al. Partial oxidation of methane in porous reactor: Part I. Unidirectional flow[J]. Energy & Fuels, 2012, 26(8): 4849-4856

[139] WAKAO N, KAGEI S. Heat and mass transfer in packed beds[M]. London: Taylor & Francis, 1982.

[140] YOSHIO Y, KIYOSHI S, RYOZO E. Analytical study of the structure of radiation controlled flame[J]. International Journal of Heat and Mass Transfer, 1988, 31(2): 311-319.

[141] MAUβ F, PETERS N. Reduced kinetic mechanisms for premixed methane-air flames. Reduced kinetic mechanisms for applications in combustion systems[M]. Berlin: Springer, 1993: 58-75.

[142] 赵平辉. 惰性多孔介质内预混燃烧的研究 [D]. 合肥: 中国科学技术大学, 2007.

[143] JANARDHANAN V M, DEUTSCHMANN O. CFD analysis of a solid oxide fuel cell with internal reforming: Coupled interactions of transport, heterogeneous catalysis and electrochemical processes[J]. Journal of Power Sources, 2006, 162(2): 1192-1202.

[144] MAIER L, SCHÄDEL B, DELGADO K H, et al. Steam reforming of methane over nickel: Development of a multi-step surface reaction mech-

anism[J]. Topics in Catalysis, 2011, 54: 845-858.

[145] DEUTSCHMANN O. Modeling of the interactions between catalytic surfaces and gas-phase[J]. Catalysis Letters, 2015, 145(1): 272-289.

[146] SHI Y, CAI N, LI C, et al. Simulation of electrochemical impedance spectra of solid oxide fuel cells using transient physical models[J]. Journal of the Electrochemical Society, 2008, 155(3): B270-B280.

[147] COSTAMAGNA P, COSTA P, ANTONUCCI V. Micro-modelling of solid oxide fuel cell electrodes[J]. Electrochimica Acta, 1998, 43(3): 375-394.

[148] SHI Y, CAI N, LI C. Numerical modeling of an anode-supported SOFC button cell considering anodic surface diffusion[J]. Journal of Power Sources, 2007, 164(2): 639-648.

[149] HABERMAN B, YOUNG J. Three-dimensional simulation of chemically reacting gas flows in the porous support structure of an integrated-planar solid oxide fuel cell[J]. International Journal of Heat and Mass Transfer, 2004, 47(17): 3617-3629.

[150] CHAN S, CHEN X, KHOR K. Cathode micromodel of solid oxide fuel cell[J]. Journal of the Electrochemical Society, 2004, 151(1): A164-A172.

[151] NAM J H, JEON D H. A comprehensive micro-scale model for transport and reaction in intermediate temperature solid oxide fuel cells[J]. Electrochimica Acta, 2006, 51(17): 3446-3460.

[152] BRAUN R J. Optimal design and operation of solid oxide fuel cell systems for small-scale stationary applications[D]. Madison: University of Wisconsin Madison, 2002.

[153] 包成. SOFC-MGT 混合发电系统建模与预集成研究 [D]. 北京: 清华大学, 2008.

[154] BAO C, SHI Y, CROISET E, et al. A multi-level simulation platform of natural gas internal reforming solid oxide fuel cell-gas turbine hybrid generation system: Part I. Solid oxide fuel cell model library[J]. Journal of Power Sources, 2010, 195(15): 4871-4892.

[155] FERRIZ A, LAGUNA-BERCERO M, RUPEREZ M, et al. Modelling and performance of a microtubular ysz-based anode supported solid oxide fuel cell stack and power module[J]. Energy Procedia, 2012, 29: 166-176.

[156] SAMMES N M, BOVE R, DU Y. Assembling single cells to create a stack: The case of a 100 W microtubular anode-supported solid oxide fuel cell

stack[J]. Journal of Materials Engineering and Performance, 2006, 15(4): 463-467.

[157] HUSSAIN M, LI X, DINCER I. Multi-component mathematical model of solid oxide fuel cell anode[J]. International Journal of Energy Research, 2005, 29(12): 1083-1101.

[158] KIM J W, VIRKAR A V, FUNG K Z, et al. Polarization effects in intermediate temperature, anode-supported solid oxide fuel cells[J]. Journal of the Electrochemical Society, 1999, 146(1): 69-78.

[159] CAMPANARI S. Thermodynamic model and parametric analysis of a tubular SOFC module[J]. Journal of Power Sources, 2001, 92(1): 26-34.

[160] LAZZARETTO A, TOFFOLO A, ZANON F. Parameter setting for a tubular SOFC simulation model[J]. Journal of Energy Resources Technology, 2004, 126(1): 40-46.

[161] STILLER C, THORUD B, SELJEBØ S, et al. Finite-volume modeling and hybrid-cycle performance of planar and tubular solid oxide fuel cells[J]. Journal of Power Sources, 2005, 141(2): 227-240.

[162] CELIK I, PAKALAPATI S R, SALAZAR-VILLALPANDO M D. Theoretical calculation of the electrical potential at the electrode/electrolyte interfaces of solid oxide fuel cells[J]. Journal of Fuel Cell Science and Technology, 2005, 2(4): 238-245.

[163] ACHENBACH E. Three-dimensional and time-dependent simulation of a planar solid oxide fuel cell stack[J]. Journal of Power Sources, 1994, 49(1): 333-348.

[164] AGUIAR P, ADJIMAN C, BRANDON N P. Anode-supported intermediate temperature direct internal reforming solid oxide fuel cell. I: Model-based steady-state performance[J]. Journal of Power Sources, 2004, 138(1): 120-136.

[165] ZHENG K, SUN Q, NI M. Local non-equilibrium thermal effects in solid oxide fuel cells with various fuels[J]. Energy Technology, 2013, 1(1): 35-41.

[166] XU G, DAI Y, TOU K, et al. Theoretical analysis and optimization of a double-effect series-flow-type absorption chiller[J]. Applied Thermal Engineering, 1996, 16(12): 975-987.

[167] HUICOCHEA A, RIVERA W, GUTIÉRREZ-URUETA G, et al. Thermodynamic analysis of a trigeneration system consisting of a micro gas turbine

and a double effect absorption chiller[J]. Applied Thermal Engineering, 2011, 31(16): 3347-3353.

[168] YU Z, HAN J, CAO X. Investigation on performance of an integrated solid oxide fuel cell and absorption chiller tri-generation system[J]. International Journal of Hydrogen Energy, 2011, 36(19): 12561-12573.

[169] IZQUIERDO M, LIZARTE R, MARCOS J, et al. Air conditioning using an air-cooled single effect lithium bromide absorption chiller: Results of a trial conducted in Madrid in August 2005[J]. Applied Thermal Engineering, 2008, 28(8): 1074-1081.

[170] LABUS J M, BRUNO J C, CORONAS A. Review on absorption technology with emphasis on small capacity absorption machines[J]. Thermal Science, 2013, 17(3): 739.

[171] FLORIDES G, KALOGIROU S, TASSOU S, et al. Design and construction of a LiBr–water absorption machine[J]. Energy Conversion and Management, 2003, 44(15): 2483-2508.

[172] PATEK J, KLOMFAR J. A computationally effective formulation of the thermodynamic properties of LiBr–H_2O solutions from 273 to 500K over full composition range[J]. International Journal of Refrigeration, 2006, 29(4): 566-578.

[173] TAKEZAWA S, WAKAHARA K, ARAKI T, et al. Cycle analysis using exhaust heat of SOFC and turbine combined cycle by absorption chiller[J]. Electrical Engineering in Japan, 2009, 167(1): 49-55.

[174] HEROLD K E, RADERMACHER R, KLEIN S A. Absorption chillers and heat pumps[M]. Boca Raton: CRC press, 2016.

[175] TSO G K, YAU K K. A study of domestic energy usage patterns in Hong Kong[J]. Energy, 2003, 28(15): 1671-1682.

[176] WAN K, YIK F. Representative building design and internal load patterns for modelling energy use in residential buildings in Hong Kong[J]. Applied Energy, 2004, 77(1): 69-85.

[177] HU T, YOSHINO H, ZHOU J. Field measurements of residential energy consumption and indoor thermal environment in six Chinese cities[J]. Energies, 2012, 5(6): 1927-1942.

在学期间发表的学术论文与研究成果

发表的学术论文

[1] **Yuqing Wang**, Hongyu Zeng, Aayan Banerjee, Yixiang Shi, Olaf Deutsc-hmann, Ningsheng Cai. Elementary reaction modeling and experimental characterization on methane partial oxidation within a catalyst-enhanced porous media combustor. Energy & Fuels, 2016, 30(9): 7778-7785. (SCI 收录，检索号：DW4VL，2015 年影响因子：2.835；EI 收录，检索号：20163902831144)

[2] **Yuqing Wang**, Hongyu Zeng, Tianyu Cao, Yixiang Shi, Ningsheng Cai, Xiaofeng Ye, Shaorong Wang. Start-up and operation characteristics of a flame fuel cell unit. Applied Energy, 2016, 178: 415-421. (SCI 收录，检索号：DU6QW，2015 年影响因子：5.746；EI 收录，检索号：20162602547690)

[3] **Yuqing Wang**, Hongyu Zeng, Yixiang Shi, Tianyu Cao, Ningsheng Cai, Xi-aofeng Ye, Shaorong Wang. Power and heat co-generation by micro-tubular flame fuel cell on a porous media burner. Energy, 2016, 109: 117-123. (SCI 收录，检索号：DV0EO，2015 年影响因子：4.292；EI 收录，检索号：20162102415118)

[4] **Yuqing Wang**, Yixiang Shi, Xiankai Yu, Ningsheng Cai. Thermal shock re-sistance and failure probability analysis on solid oxide electrolyte direct flame fuel cells. Journal of Power Sources, 2014, 255: 377-386. (SCI 收录，检索号：AC3QN，2015 年影响因子：6.333；EI 收录，检索号：20140617291329)

[5] **Yuqing Wang**, Yixiang Shi, Meng Ni, Ningsheng Cai. A micro tri-generation system based on direct flame fuel cells for residential applications. Interna-tional Journal of Hydrogen Energy, 2014, 39(11): 5996-6005. (SCI 收录，检索号：AF8PK，2015 年影响因子：3.205；EI 收录，检索号：20141417542702)

[6] **Yuqing Wang**, Yixiang Shi, Xiankai Yu, Ningsheng Cai, Jiqing Qian, Shaorong Wang. Experimental characterization of a direct methane flame solid oxide fuel cell power generation unit. Journal of the Electrochemical Society, 2014, 161(14): F1348-F1353.（SCI 收录，检索号：AW0IO, 2015 年影响因子：3.014；EI 收录，检索号：20150900578313）

[7] **Yuqing Wang**, Yixiang Shi, Xiankai Yu, Ningsheng Cai, Shuiqing Li. Integration of solid oxide fuel cells with multi-element diffusion flame burners. Journal of the Electrochemical Society, 2013, 160(11): F1241-F1244.（SCI 收录，检索号：251CI, 2015 年影响因子：3.014；EI 收录，检索号：20141017428277）

[8] **Yuqing Wang**, Yixiang Shi, Ningsheng Cai, Xiaofeng Ye, Shaorong Wang. Performance characteristics of a micro-tubular solid oxide fuel cell operated with a fuel-rich methane flame. ECS Transactions, 2015, 68(1): 2237-2243.（EI 收录, 检索号: 20153201157133）

[9] **Yuqing Wang**, Yixiang Shi, Xiankai Yu, Ningsheng Cai, Shuiqing Li. Direct flame fuel cell performance using a multi-element diffusion flame burner. ECS Transactions, 2013, 57(1): 279-288.（EI 收录, 检索号: 20143218017371）

[10] 王雨晴, 史翊翔, 余先恺, 蔡宁生. 直接火焰燃料电池热应力分析及性能研究. 燃烧科学与技术, 2014, 20 (3): 238-244.

[11] 王雨晴, 曾洪瑜, 曹天宇, 史翊翔, 蔡宁生. 基于多孔介质燃烧器的火焰燃料电池性能研究. 中国工程热物理学会燃烧学学术年会，北京，2015.

[12] 王雨晴, 余先恺, 史翊翔, 蔡宁生. 直接多元扩散火焰燃料电池性能研究. 中国工程热物理学会燃烧学学术年会，北京，2012.

[13] Hongyu Zeng, **Yuqing Wang**, Yixiang Shi, Meng Ni, Ningsheng Cai. Syngas production from CO_2/CH_4 rich combustion in a porous media burner: Experimental characterization and elementary reaction model. Fuel, 2017, 199: 413-419.（SCI 源刊，2015 年影响因子：3.611；EI 源刊）

[14] Wenying Li, Yixiang Shi, Yu Luo, **Yuqing Wang**, Ningsheng Cai. Carbon monoxide/carbon dioxide electrochemical conversion on patterned nickel electrodes operating in fuel cell and electrolysis cell modes. International Journal of Hydrogen Energy, 2016, 41(6): 3762-3773. （SCI 收录，检索号：DF9BH，2015 年影响因子：3.205；EI 收录，检索号：20161402202031）

[15] Wenying Li, Yixiang Shi, Yu Luo, **Yuqing Wang**, Ningsheng Cai. Carbon deposition on patterned nickel/yttria stabilized zirconia electrodes for solid

oxide fuel cell/solid oxide electrolysis cell modes. Journal of Power Sources, 2015, 276: 26-31. （SCI 收录，检索号：CA2OJ，2015 年影响因子：6.333；EI 收录，检索号：20144900283681）

[16] Xi Wang, Yixiang Shi, Wenying Li, Ningsheng Cai, **Yuqing Wang**, Tianyu Cao. Nitrogen oxide electrochemical reduction characteristics on patterned platinum electrode. Solid State Ionics, 2015, 277: 57-64. （SCI 收录，检索号：CL5DM，2015 年影响因子：2.380；EI 收录，检索号：20152100866708）

[17] 曾洪瑜，**王雨晴**，史翊翔，蔡宁生. 催化增强的两段式多孔介质甲烷富燃特性研究. 燃烧科学与技术, 2017, 23 (2): 135-139.

[18] 曾洪瑜，**王雨晴**，史翊翔，蔡宁生. 甲烷/二氧化碳多孔介质富燃部分氧化实验研究. 中国工程热物理学会燃烧学学术年会，马鞍山，2016.

已授权国家发明专利

[1] 史翊翔，**王雨晴**，蔡宁生. 直接火焰固体氧化物燃料电池装置：中国, 发明专利（专利号：ZL201510011510.3）.

致　　谢

衷心感谢导师蔡宁生教授对我的悉心指导与鼎力支持。蔡老师严谨求实的科学作风、一丝不苟的治学态度和正直仁厚的崇高品格值得我终身学习。蔡老师对科研的奉献精神和对新领域的求知精神更是激励了我在今后的工作和生活中不忘初心、砥砺前行。

特别感谢史翊翔副教授对我在科研工作上的耐心指导和生活中的殷切关怀。史老师是我科研道路的引路人，带领我从"科研小白"逐步走上正轨，使我学会发现、分析并解决问题。史老师开拓创新的进取精神、乐观上进的工作态度和豁达的为人将使我终身受益。

感谢在香港理工大学交流期间倪萌教授和在德国卡尔斯鲁厄理工学院交流期间 Olaf Deutschmann 教授在科研工作上的指导和生活中的帮助，感谢两个课题组中孙琼、Aayan 等在工作中的讨论和在生活中的帮助。感谢中国矿业大学王绍荣老师、中国科学院上海硅酸盐研究所叶晓峰老师和陈有鹏师兄的支持和帮助。感谢清华大学热能工程系的李振山老师、李水清老师和袁野师兄对我科研工作的帮助，感谢热能工程实验室常东武老师、孙新玉工程师、田国伟师傅在实验台搭建和测试过程中的热情帮助。

感谢课题组王洪建、李汶颖、徐雷、孙宏明等师兄、师姐对我科研工作的帮助和生活的陪伴。感谢课题组曾洪瑜、曹天宇、罗宇、吕杨、余先恺、林斌、杨懿、张志、成茂、宋佩东、吴益扬等同窗在科研工作和生活中对我的无私帮助。感谢 CECU 课题组的所有小伙伴，与你们朝夕相处的日子是我人生中非常美丽的回忆。感谢我的好朋友张洁雅、朱泓逻、朱红玉、郑妍等多年来的陪伴与支持，与你们的友谊是我一生珍视的无价之宝。

最后，感谢父母一直以来的爱和付出，感谢爱人王飞彪的包容、理解与支持，谢谢你们给我提供了一个永远可以回去的港湾。

　　本课题承蒙国家自然科学基金项目（51106085，51576112）及清华大学-广东万和新电气股份有限公司企业合作项目的资助，特此致谢。

　　谨以此书献给我留下九年青春足迹的清华园，"自强不息，厚德载物"的校训将永远铭记于心。

王雨晴

2020 年 7 月